フシギなくらい
見えてくる！

本当にわかる
地球科学

京都大学教授
鎌田浩毅 監修・著

名古屋市科学館主任学芸員
西本昌司 著

日本実業出版社

はじめに

「地球科学」とは、地球を研究対象とした自然科学の一分野である。日本では高校の科目名や大学の学科名として、「地学」という呼び名が一般的に用いられてきた。ちなみに、高校の地学は、物理・化学・生物という理科三教科と比べるとマイナーな扱いだ。

理系科目としては地味だが、大学入試センター試験では、結構人気がある。すなわち、理科が苦手な人が選択する科目としては不可欠の存在なのだ。

実際、受験者の文理比率が「文系九割：理系一割」と聞けば、別名「文系理科」と呼ばれるのも納得するところではないか。文系人に最も愛されている理系科目が地学である、といっても過言ではないのである。

実際に地学は、地球や宇宙、海洋、気象、地震や火山の災害など、身近な題材には事欠かない。我々の生活基盤の秘密にも迫ることから、老若男女を問わず興味の対象になりやすい学問でもある。

とくに、２０１１年に発生した東日本大震災の後、地学の必要性が認識されるようになった。つまり、防災・減災《げんさい》の視点からも「地学をもっと身近な教科に」と、地学教育の普及が求められている。

しかしながら、学校では地学に苦手意識をもつ理科教員は少なくない。よって、初等中等教育の現場において、地学分野の知識習得が重要な課題の1つとなっている。

具体的に、科学技術振興機構理科教育支援センターが行なった実態調査（2008年度）を見てみよう。

小学校で学級担任として理科を教える教員の65％が、地学を苦手と感じている。また、中学校の理科教員では、地学指導への苦手意識は45％と、物理・生物・化学と比べても高い数字となっている。こうした現実を解消するために、「本当にわかる」地学の教科書が必要とされているのだ。

本書は、学校で理科が苦手だった人、地学を学習する機会がなかった人、自然は好きだがどう学べばよいか迷っていた人、のそれぞれの方々が楽しみながら地球科学の考え方を学び、身につけるための本である。

すなわち、初心者でも学生でも教員でも、地球の成り立ちや歴史などを自力で学ぶことができる入門書なのだ。

とくに、「本当にわかる」シリーズのサイエンス分野の1冊として、私が京都大学で20年近く行なっているアウトリーチ（啓発・教育活動）を前面に押し出して、徹底的にわかりやすく解説した。

また、近い将来の日本人に不可欠な防災・減災の基礎知識を補充する、という視点でも本書は役に立つ。したがって、地学で扱うテーマのなかでも地球科学の諸現象を中心に取り上げ、天文学や宇宙科学については必要最低限の解説にとどめた。

◑「大地変動の時代」に突入した日本列島

ここで、なぜ地球科学が現代の我々に必要なのか、について述べておこう。これは、近年ひっきりなしに起きている地震や噴火と密接に関係することなのだ。地球科学、とくに火山学を専門とする私のもとに、その問合せが相変わらず多いのである。

じつは、このところの地震と噴火は東日本大震災（いわゆる「3・11」）に誘発された長期変動の1つと読み解くことができる。

東日本を襲ったマグニチュード9の地震は、わが国の観測史上最大規模であるだけでなく、過去1000年に1回発生するかどうかの非常にまれな巨大地震だった。歴史を振り返ってみると、日本の9世紀は地震と噴火がとくに多い時代だった。

そして、「3・11」を境として、それ以後の日本列島は1000年ぶりの「大地変動の時代」に突入したのである。

具体的に何が起きたかを見てみよう。

2011年に海域で発生した巨大地震によって、東北地方が東西方向に5・3mも引き延ばされた。その結果、日本列島のほぼ全域にわたり、地下の地盤には大きな歪《ひず》みが残された。その後、こうした地下の歪みを解消するように、日本列島の各地で直下型地震が断続的に発生しているのである。

こうした超弩級《ちょうど》の地震が発生すると、活火山の噴火を誘発することが経験的に知られている。そして、2014年の御嶽山《おんたけさん》噴火以来、箱根山・口《くちの》永良部島《えらぶじま》・桜島・阿蘇山など、日本各地で火山活動が活発化した。地盤にかかっている力が変化した結果、マグマの動きを活発化させたのだ。

おそらく今後数十年の間、日本列島では引き続いて地震と噴火に見舞われる可能性が高い、と私を含めて多くの地球科学者は予測している。

ちなみに、地球科学には「過去は未来を解く鍵」というフレーズがある。過去に発生した現象をくわしく解析することによって、確度の高い将来予測を行なうのである。

たとえば、過去の震災について書かれた古文書や、地質堆積物として地層中に残された巨大津波などの痕跡から、今後起こりうる災害の規模と時期を推定する。

そこで、9世紀の日本をくわしく振り返ってみよう。驚くほど現在の状況と似ている点が数多く見つかるのである。

たとえば、「3・11」の元凶となった巨大地震（東北地方太平洋沖地震と命名されている）は、西暦869年に東北地方を襲った貞観《じょうがん》地震ときわめてよく似ている。そして1960年以降に日本で起きた地震の発生場所は、9世紀の発生場所とかなり合うのだ。

まず気になる点は、貞観地震が起きた9年後の878年には、首都圏にあたる関東中央で大地震が起きたことだ。これは陸上で発生する直下型地震であり、歴史地震学では相模・武蔵地震（関東諸国大地震）と呼ばれている。

じつは、1995年に関西で発生した阪神・淡路大震災と同じ規模の、マグニチュード7・4という大きな直下型地震だったのである。

さらに、この9年後には南海トラフ沿いで巨大地震が発生した。南海トラフ巨大地震と呼ばれるもので、歴史地震学では887年に起きた仁和《にんな》地震に相当する。

これは海の地震だが、阪神・淡路大震災で経験した震度7をもたらす激震とともに、東日本大震災で経験した巨大津波を伴っていた。いわゆる「激甚災害」の典型例である。

こうした「9年後」と「18年後」に起きた地震を21世紀に当てはめてみよう。「3・11」の9年後にあたる2020年は、東京でオリンピックが開催される年である。そして、さらに9年後の2029年過ぎに、南海トラフで巨大地震が起こる計算になる。

もちろん、このとおりに起きるといいきれないが、これが、現在私が最も心配している「南海トラフ巨大地震」である。以下でくわしく述べておこう。

◐「想定外」を生き延びるための知識

国の中央防災会議は、首都圏から九州までの広範囲に地震と津波の複合災害が起きることを、具体的に数字を入れて予測している。その発生には周期性があり、次に西日本の太平洋沿岸で起きる地震は、東海地震・東南海地震・南海地震が同時に発生する「連動型地震」という最悪のシナリオだ。

すなわち、東日本大震災と同じマグニチュード9という巨大地震が起こす「西日本大震災」なのである。

南海トラフ巨大地震が太平洋ベルト地帯を直撃することは確実で、被災地域が産業や経済の中心であることを考えると、東日本大震災よりも1桁大きい災害になる可能性がある。つまり、人口の半分近い6000万人が深刻な影響を受けるのだ。

また、経済的な被害総額に関しては、220兆円を超えると試算されている。たとえば、東日本大震災の被害総額の試算は20兆円ほど、GDPでは3%程度とされているが、西日本大震災の被害予想が10倍以上になることは必定《ひつじょう》なのだ。

残念ながら、その発生時期を年月日までのレベルで正確に予測することは、現在の技術では不可能だ。一方で、古地震やシミュレーション結果を総合判断して、私たち専門家は西暦2030年代に起きると予測している（拙著『西日本大震災に備えよ』PHP新書を参照）。

もちろん、自然が引き起こす巨大災害を、人が完全に防ぐことは、もともと不可能だ。よって、科学的にも、また予算的にも、災害をできる限り減らすこと、すなわち「減災」しかできないのである。

では、1000年ぶりの「大地変動の時代」に遭遇した日本人は、効果的な「減災」を実現するために、何をすればよいのだろうか。結論からいえば、「地球科学の知識」が身を守るのである。

「減災」の成功を支えるキーフレーズは、「人や組織に頼らず自分ができることをいま始める」である。すなわち、誰かの指示を待って行動する受身の姿勢でなく、自らが動ける能動的な体勢をいまのうちから準備すること。そのために、まず本書でくわしく紹介した最新の地球科学の習得から取りかかっていただきたい。

東日本大震災の後、数千年に一度、数万年に一度の自然災害でも、減災対応は不可欠だとの考え方に変わってきている。

いわば、「想定外」を生き延びるためにも地球科学の知識が必要なのである（拙著『一生モノの超・自己啓発～京大・鎌田流「想定外」を生きる』朝日新聞出版を参照）。

したがって、本書の勉強成果を、友人や家族や自分が属するコミュニティの人々へできる限り伝えていただきたい。

さて、本書を執筆した経緯についても紹介しておこう。

共著者の西本昌司氏は名古屋市科学館の主任学芸員で、地球科学の教育普及活動を本務としている。彼は博物館活動に邁進しながらも研究を続け、名古屋大学で博士号を取得した。じつは、私は彼が刊行した著書『地球のはじまりからダイジェスト』（合同出版）を読み、その出来映《ば》えにいたく感心したことがあって、本書の共著者に推薦した。

こうして本書の各章は彼が先に執筆し、私はそのすべてにチェックを入れて監修した。なお、制作の過程では、私がこれまでに刊行した20冊に及ぶ地球科学関係の著書と監修本（本書の奥付と私のホームページを参照していただきたい）のエッセンスを、すべて盛り込むようにした。

とくに、「科学の伝道師」を標榜《ひょうぼう》する私としては、読者にとって地球科学が「本当にわかる」ように、これまで得たアウトリーチのノウハウを縦横無尽に活用したつもりである。

したがって、本書には、西本博士と私が知る地球科学に関する最新情報が、初学者にもわかりやすく盛り込まれている、といっても過言ではない。

本書を活用して、日本列島に暮らす多くの方々が地球科学の正しい知識をもち、将来の人生設計を立て、「大地変動の時代」を乗り切っていただきたいと願う。

2016年3月

京都大学教授

鎌田　浩毅

もくじ

フシギなくらい見えてくる！
本当にわかる地球科学

第1章 身近に学ぶ地球科学
～地球科学は生活と結びついている～

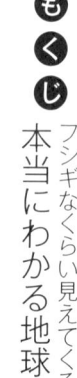

第2章

ミクロな地球科学

~地球のかけらのディテールを調べる方法~

第3章

マクロな地球科学

~テクトニクス的視点からの観察や考え方~

第4章 痕跡を追う地球科学

～過去の環境を調べる手がかり～

第5章 事件を探る地球科学

~地球史に残る大事件の背景~

第6章 天体を探る地球科学

~私たちがいる太陽系の起源~

第7章 人間社会と地球科学 ~地球科学と社会との関わり~

本書は、2016年3月1日時点の情報に基づいています。

カバーデザイン◎モウリ・マサト
カバーイラスト◎ネモト円筆
本文デザイン◎ムーブ
本文イラスト・DTP◎初見弘一

第1章

身近に学ぶ地球科学

～地球科学は生活と結びついている～

身近に学ぶ地球科学 01

日本人が大好きな温泉は火山がもたらす恵み

▼温泉と地球科学

◉温泉地で売られている「湯の花」の正体

日本には、自宅に風呂があっても、遠方の温泉地まで嬉々《きき》として出かける人がたくさんいる。

日本人が温泉好きになるのは無理もない。火山の多い日本列島には、じつに多くの温泉がある。ときに災害をもたらす火山だが、普段は温泉のような恵みをもたらしてくれる。

ひとくちに温泉といっても様々であるが、日常から離れて温泉に来た雰囲気を強く感じさせてくれるのは、お湯がにごっている**にごり湯**ではないだろうか。

お湯がにごっているのは、細かい沈殿物《ちんでんぶつ》ができて浮遊しているためである。ところが、地中より湧き出したばかりのお湯は無色透明で、にごっていない。つまり、地表に湧いてきてから沈殿物ができた、ということだ。

地下をめぐる地下水は、マグマのそばを通ると熱せられる。地下深くで熱くなった地下水（熱水）は、様々な物質を溶かしやすくする。その熱水が地表に出てくる

一口メモ

とける　一般向けの文章では、水に溶解することも、融解して液体になることも、「溶ける」と表記するケースが多い。常用漢字表に「融《と》ける」という訓読みが挙げられていないからだ。明確に区別すると、「溶解する」「融解する」という、少々堅苦しい表現になってしまう（本書では、溶解することを「溶ける」、融解することを「融ける」と、区別して表記している）。

火山性温泉湧出のしくみ

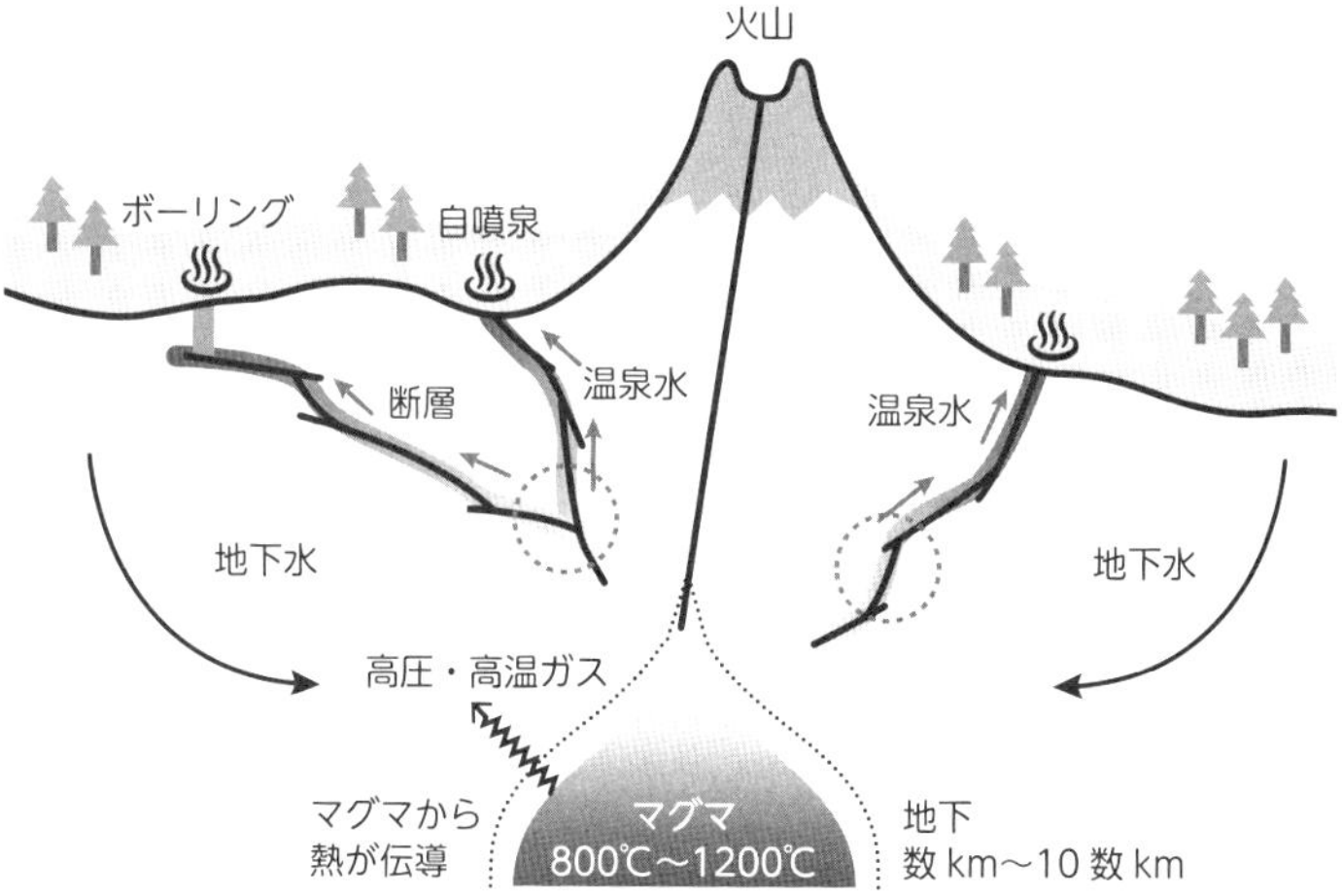

と温度や圧力などの条件が下がり、溶け込んでいられなくなった物質が沈殿する。沈殿物は、炭酸カルシウム、硫酸カルシウム、硫黄、シリカなどいろいろである。鉄分を含んだ温泉だと、酸化されて茶色い沈殿物となっている。

これらの沈殿物は**湯の花**と呼ばれることが多いが、地球科学では**温泉沈殿物**という。温泉では、浴槽に固い物質が付着していることもあるが、これも浴槽表面に沈殿していっただけで同じものである。

これらの温泉沈殿物は、もともと地下にあった岩石から溶け出した成分が地表に運ばれてき

火山国日本には全国各地に温泉の名所がある

草津温泉の湯畑
写真提供：草津温泉観光協会

箱根火山にある大涌谷源泉かけ流しのにごり湯
写真提供：箱根町

たものだ。地表から深さ数kmから十数kmの所にあるマグマ溜《だ》まりが熱源となり、地下水とともに岩石を煮込んで出てきた出汁《だし》のようなものである。火山の隙間から出てくる吹きこぼれが温泉というわけだ。

もっとも、火山がないところにも温泉が湧いていることもある。地下では深いほど温度が高くなるので、水脈さえあれば温泉はできる。

それでも日本にこれほど温泉が多いのは、日本の地下がプレート沈み込みの結果として熱せられた火山列島であるからなのは間違いない。

身近に学ぶ
地球科学
02

女性の美しさを支える意外な鉱物

▼化粧品と地球科学

◉大地の歴史を秘めている絹雲母《きぬうんも》（セリサイト）

愛知県北東部に知る人ぞ知る鉱山がある。近くに武田信玄ゆかりの津《つ》具《ぐ》金山《きんざん》があるので、「金や銀を掘っているのでは」と思いきや、そうではない。真っ白な粘土である。

絹糸のような光沢をしていることから**絹雲母《きぬうんも》（セリサイト）**と呼ばれる。エンジニアには、「絶縁体《ぜつえんたい》として使われる雲母という鉱物の1種だ」というとピンとくるだろうか。**マイカ**といったほうが親しみをもつ人もいるだろう。

雲母は、ペラペラとめくれる性質をもった鉱物だが、粒子サイズが0・1㎜にも満たないセリサイトの集合体は〝泥の塊〟にしか見えない。それでも、電子顕微鏡で観察すると、やはりペラペラの形状になっている。

ミクロサイズで薄い板状という結晶形状のため、たとえば肌に塗ると粒子がずれるので「伸び」がよい。そこで、ファンデーションなど化粧品の原材料とされる。ここで採掘されているセリサイトはとても良質で、世界シェアは50%を超える。つ

（右）電子顕微鏡で見た絹雲母
（左）絹雲母原砿石の掘進現場（愛知県北設楽郡東栄町・粟代鉱業所）
写真提供：三信鉱工株式会社（愛知県北設楽郡）

まり、世界中の多くの女性が、セリサイトを顔に塗っているのだ。

山の下にはセリサイトを求めて坑道が張り巡らされ、その奥では発破によって岩石が砕かれている。真っ白なセリサイトの塊を男性が掘り出しては手押しトロッコで運び出す。

そんな採掘現場を女性が見ると、たいてい驚きの声をあげる。

「まさかこの鉱山で採掘されている鉱物から、私がいつも使っているファンデーションがつくられているなんて！」

では、セリサイトはどんなところにあるだろうか。

この地域には、マグマが固まってできる岩石の1つ、**安山岩《あんざんがん》**が脈状に入っていて、その安山岩脈をたどるように採掘が行なわれている。セリサイトは安山岩の中にだけあるのだ。

なぜかといえば、安山岩が熱水と化学反応を起こしてできるからだ。脈状になっているのは、マグマが割れ目に入り込んできたためである。

そう、このあたりは火山の中だったのだ。

およそ1500万年前、大きな火山があったことがわかっている。火山の下にマグマが上昇してきて、地下に熱水の対流ができていたのだ。熱水の一部は地表に達し、温泉となって湧き出して

一口メモ

マグマ　地下深部で岩石がドロドロに融《と》けた状態にあるもの。温度は900～1,200℃。マグマが地表に噴出してできた地形が「火山」であり、地表に流れ出たマグマが「溶岩」である。マグマは地下深くならどこにでもあるわけではなく、局部的にしかないと考えられている。

いたはずだ。その熱水は、地下深部でセリサイトをつくる一方、金属元素を溶かして地下浅いところに運んで、金などの金属鉱床もつくった。

つまり、セリサイトと金山がほどほど近くにあるということは偶然ではない。火山という大地の営みのなかでセリサイトは生まれた。火山活動が止まってから、途方もなく長い時間をかけて山体は雨で削られ、一部が地表にあらわになった。

化粧品の材料であるセリサイトは、何万年もの大地の歴史を秘めているのである。

身近に学ぶ地球科学
03

大規模な風化のプロセスが瀬戸を「やきものの街」にした

▼やきものと地球科学

◉カオリンをたっぷり含んだ花崗岩《かこうがん》

瀬戸焼などで知られる愛知県瀬戸市は、様々なやきものの店が軒を連ねているだけでなく、やきものの歴史を紹介する資料館や陶芸体験ができる窯元《かまもと》も点在しており、瀬戸が長きにわたって「やきものの街」であり続けたことがわかる。

そんなノスタルジックな雰囲気とは対照的な光景がすぐ近くにある。通称「瀬戸のグランドキャニオン」と呼ばれ、東西２㎞、南北２㎞ほどもある敷地の中で、やきものに使う粘土、すなわち、**陶土**や**珪砂《けいしゃ》**が採掘されている場所だ。

陶土はやきもの、珪砂はガラスの原料にされる。白っぽい地層があらわにされた崖には雨によって多数の溝がつくられ、まるで渓谷のように見える。

グランドキャニオンというのは大げさだとしても、行き交う大型トラックが小さく見えるほどに広大である。私たちが毎日使う茶碗などをつくる原料を得るためにつくられ、数十年にわたり、やきものの街を支えた巨大な窪地なのだ。陶土が豊富にあったからこそ瀬戸でやきものが発展したといってよいだろう。

一口メモ

侵食作用［しんしょくさよう］ 流水、雨水、氷河、風などによって地層や岩石が削られていくこと。隆起しているところでは、川が谷底を深く削り、V字形の深い谷となる。風化した花崗岩は「真砂土（まさつち・まさど）」と呼ばれ、水を通しやすい砂になるため、風化が促進される。

では、良質な陶土に恵まれていたのはなぜだろうか。

そもそも陶土は**長石**《ちょうせき》という鉱物が水と化学反応することできる**カオリン**と呼ばれる粘土鉱物である。

長石は、愛知県から岐阜県などに広く分布している**花崗岩**《かこうがん》という岩石に多く含まれている。花崗岩は、マグマが地下深くでゆっくりと冷え固まった岩石である。**みかげ石**とも呼ばれ、石材として建築材や墓石などに使われているので、見たことがある人も多いだろう。

花崗岩に限らず、岩石は地表で風雨にさらされると風化していく。長石がカオリンに変化していくのは、風化プロセスの1つである。

ただ、普通に花崗岩が風化していくだけでは、瀬戸をやきものの街にするほど莫大な量のカオリンは供給できなかっただろう。大規模な風化が起こっていたはずだ。

花崗岩は風化すると**真砂土**《まさど》と呼ばれる、水を通しやすい砂になる。したがって、風化することで風化がより進みやすくなる。

瀬戸周辺の花崗岩は、ずいぶん深いところまで風化が進行している。一般的な岩石風化だけで、これほど風化が地下深くまで進むというのは考えにくい。どうも花崗岩の中には細かい割れ目がたくさんあって、水を地下深くまで浸透させているようだ。

地下深部でできた花崗岩が少しずつ上昇し、**侵食作用**によって削りとられ、やが

自然条件がそろって誕生した「瀬戸のグランドキャニオン」

珪砂陶土採掘場
写真提供：愛知県瀬戸市

珪砂陶土採掘場の航空写真
著者・西本撮影

て地表に顔を出す。この隆起の過程で、地下の圧力から解放されたり、プレート運動で横運動に押されたりして、内部にたくさんの割れ目を生じるのだろう。

おそらく、大地の動きが活発な日本列島では、花崗岩に割れ目ができやすいはず。おかげで、風化が進んでカオリンをたっぷり含んだ花崗岩ができたのだ。

それが下流に運ばれ、流れの弱い場所に堆積した。そんな自然条件がそろっていたのだということを「瀬戸のグランドキャニオン」からうかがい知ることができる。

身近に学ぶ地球科学
04

あらゆる産業の立役者は海に溶けた鉄分を石に変えた微生物

▼鉄と地球科学

◉約20億年以上前の海底でできた「縞状鉄鉱層《しまじょうてっこうそう》」

現代社会を支える鉄。いまさらいうまでもないことだが、ビルから自動車まで、あらゆる産業で使われる最も重要な材料の1つだ。

金属の鉄は、酸化鉄である鉄鉱石を、**石炭**（**コークス**）によって還元してつくられる。巷にあふれる鉄製品や建造物の多さを見れば、どれほどの鉄が生産されているのか想像するのは難しい。実際、製鉄所の原料ヤードに山積みされている鉄鉱石の山は巨大だ。

これほど大量の鉄鉱石は、どんなところで採掘されているのだろう。

たいていの鉄鉱石は、酸化鉄に富む層とシリカ（二酸化ケイ素（SiO_2）もしくはSiO_2によって構成される物質）に富む薄い層が交互に重なった地層であり、**縞状鉄鉱層**と呼ばれる。縞状鉄鉱層は分布範囲がかなり広いため、鉱石というよりも、地層というほうがしっくりくるのは納得のいくところだ。

オーストラリア西部のピルバラ地域には、縞状鉄鉱層が広く分布しており、見渡す限りの原野がすべて縞状鉄鉱層である。日本が輸入している半分以上はこの地域で露天掘りされているというから、採掘の規模は想像を絶する。

オーストラリアに限らず、縞状鉄鉱層の多くは、約25～20億年前の海底でできたものだ。その頃、光合成を行なう**シアノバクテリア**が現われた。当時の海には大量の鉄分が溶け込んでいたが、光合成により放出された酸素と結合し、酸化鉄となって海底に沈殿した。それが、縞状鉄鉱層である。

日射量が多く水温が上がる光合成が活発となる夏季には、大量の酸素が排出されて多くの酸化鉄が沈殿したが、冬季には酸化鉄の沈殿は少なくなった。それが、木の年輪と同じように、**季節変動**をしま模様として記録したのだ。縞状鉄鉱層は、太古の海で光合成が始まった証拠なのである。

微生物が、途方もなく長い時間をかけ、酸素を供給し続け、海に溶けていた鉄分を石に変えた。私たちが文明を築くことができたのは、微生物のおかげだった。

果てしなく続く縞状鉄鉱層を見ても、にわかには信じがたいことだが、地球科学はそんなことを教えてくれる。

鉄鉱石の露天掘り（オーストラリア）

写真提供：神奈川県立生命の星・地球博物館

身近に学ぶ
地球科学
05

縄文の人々の暮らしを鮮《あざ》やかに支えた天然ガラスと緑色の石

▼考古学に見る地球科学

◉100万年ほど前の火山活動でできた黒曜石

長野県に星糞《ほしくそ》峠という場所がある。

初めて聞くと「えっ、ホシクソだって?」と反応してしまう地名だが、地面をよく見ると、黒っぽいガラスの破片のようなものが散らばっており、晴れているとキラキラ輝いている。**黒曜石《こくようせき》**だ。

看板には「星糞峠黒曜石原産地遺跡」と書いてある。縄文人が黒曜石の原石を採掘したあとなのだ。近くには、星ヶ塔、星ヶ台といった地名も残っており、いずれも黒曜石が見つかる場所。縄文人にとって黒く輝くこの石は、天から降ってきた星のかけらのように見えたのであろうか。

星糞峠は、黒曜石の産地としてよく知られる和田峠地域にある。黒曜石はその地名をとった「和田峠 流紋岩《りゅうもんがん》類」と呼ばれる岩体の一部に見られる。

流紋石《りゅうもんせき》は聞いたことがある人も多いだろう。代表的な岩石の1つで、火山で粘性の高い**マグマ**が固まった**流紋岩**は、急冷して結晶がほとんどできることなく固ま

黒曜石でできた石器

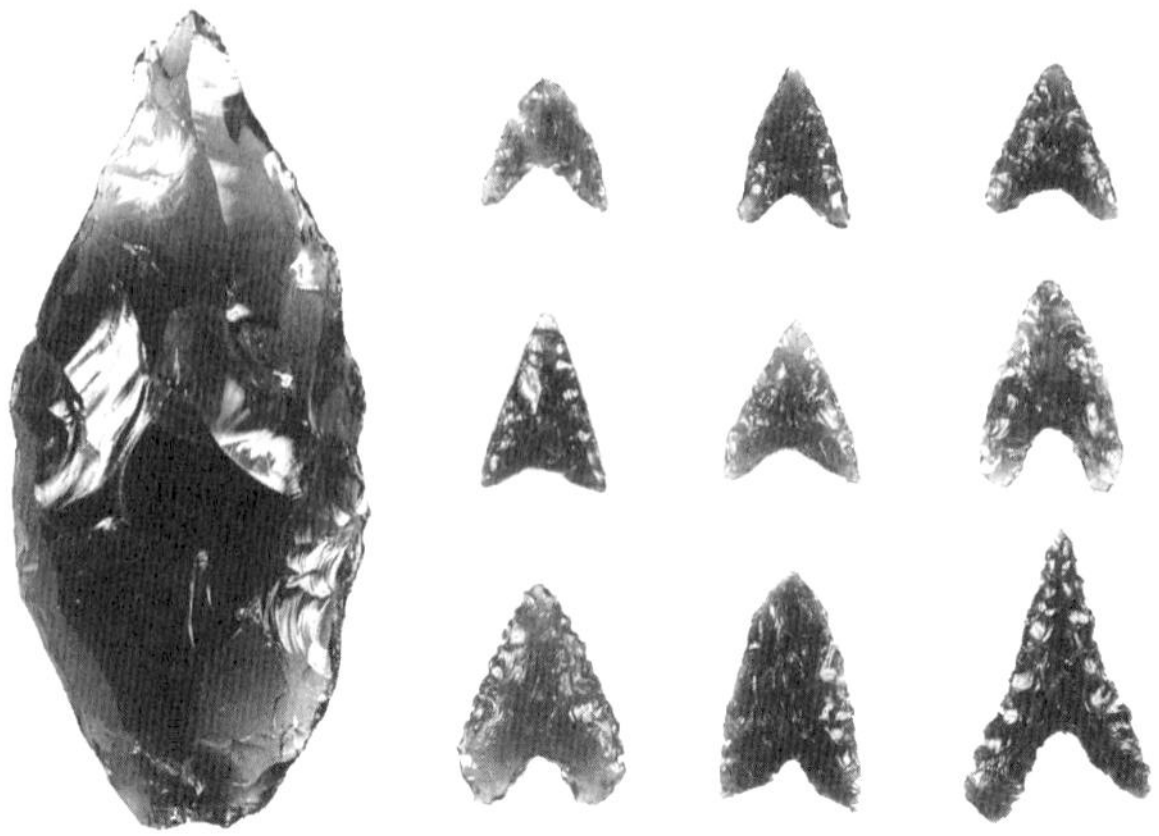

槍先形尖頭器《やりさきがたせんとうき》（左）が製作されたのは約18000年前（旧石器時代）、矢じり（右）が製作されたのは約5000年前（縄文時代中期）と推定されている。
写真提供：黒耀石体験ミュージアム（長野県長和町）

ると、天然のガラス、すなわち黒曜石となる。

小さな結晶や気泡ができても、べっこう飴《あめ》のようにドロっとした粘性の大きいマグマの中では移動することができず、白い斑点として残る。そのまま流動して、一列に並んでいることもある。こんなマグマは地表に噴出してもあまり流れずにドーム状になる。時おり、**溶岩ドーム**が崩れて、高温の火山ガスや火山噴出物がまとまって流れる**火砕流**《かさいりゅう》が発生していただろう。

星糞峠の黒曜石は、火砕流が積もった地層の中から見つかる。和田峠流紋岩類の噴出は約１１０万年前に始まり、約90万年前に溶岩ドームが形成され、大規模な火砕流も発生したようだ。

大規模な火山活動が黒曜石をつくり、運んだ。３万年前、その黒曜石を人間が見つけた。ガラスである黒曜石は、たたき割れば鋭利なエッジをつくり、刃をつくるのに好都合なので、旧石器時代から縄文時代にかけて、矢じりなどの石器として使われた。関東地方を中心とした旧石器時代や縄文時代の遺跡から発掘され

一口メモ

溶岩ドーム［ようがんドーム］ 地表に押し出された粘性の高い水飴《みずあめ》状のマグマが、ほとんど流れ下ることなくドーム状にかたまった火山地形。「溶岩《ようがん》円頂《えんちょう》丘」ともいう。北海道の昭和新山や長崎県の雲仙普賢岳などに見られる。

る石器には、和田峠周辺で採れた黒曜石が多いという。

黒曜石が採れるところは限られているとはいえ、長野県和田峠地域のほかにも、伊豆諸島の神津島《こうづしま》、北海道の白瀧《しらたき》、隠岐島《おきのしま》などがある。それでも、和田峠地域の黒曜石でつくられた石器が多いということは、その鋭い割れ口が、矢じりやナイフづくりに適した良質な素材として、当時の人々に「選ばれた」とみえる。

星糞峠を発掘拠点とし、ここで黒曜石を掘り出しては適当なものを選別したのだろう。いま、この地でキラキラと輝いている黒曜石は、当時の人々に選別されずに残った「星糞」といえるのかもしれない。

ところで、黒曜石は現代でも大いに利用されている。

砕いて熱すると発泡して膨《ふく》らみ、ポップコーンのような塊になる。多孔質で通気性や透水性が高く、園芸用土壌改良材、濾過《ろか》材断熱材などに使われているのだ。「パーライト」という名前でホームセンターでも見かける。

利用法は当時と変わったが、100万年ほど前の火山活動でできた黒曜石は、3万年以上にもわたって人間によって利用され続けている。

◉高圧環境なしには誕生しない翡翠《ひすい》

青森県三内丸山《さんないまるやま》遺跡の展示室に、「翡翠大珠《ひすいたいしゅ》」という見事な翡翠《ひすい》製アクセサリーが展示されている。この遺跡からは翡翠の原石や加工途中のものも発見されており、

世界的に見ても珍しい石・翡翠

青森県三内丸山遺跡から出土した「翡翠大珠」
写真提供：三内丸山遺跡　縄文時遊館

硬い翡翠大珠に穴をきれいに貫通させているところを見ると、高い加工技術をもった人がこの地にいたと考えられる。

翡翠でつくられた勾玉《まがたま》などの装飾品は、日本全国の遺跡から見つかっているが、その多くで糸魚川《いといがわ》産の翡翠が使われている。このことは、縄文時代に交易網が広がっており、糸魚川の翡翠が珍重されていたことを示している。

翡翠は、世界的に見ても珍しい石であることに間違いない。宝飾品にできるクオリティとなると、日本では新潟県糸魚川地域で産出するものだけである。海外でも、ミャンマー、グアテマラ、ロシアと、限られた場所でしか見つかっていない。

それほど珍しい「翡翠」とはいったいどんな石なのだろうか。

翡翠とは、主に**ヒスイ輝石《きせき》**という細かい鉱物の集合体である。純粋なヒスイ輝石は無色だが、混ざりものがあると色がつく。緑色の原因は**オンファス輝石**とい

一口メモ

プレート　地球の表層部をおおう厚さ 100km ほどの固い岩盤。大陸プレートと海洋プレートの２種類があり、海洋プレートは大陸プレートよりも強固で密度が高いため、両者がぶつかると海洋プレートは大陸プレートの下に沈んでいく。90 ページ参照。

う別の鉱物が含まれているためだとわかっている。

構成元素は、ナトリウム、アルミニウム、ケイ素、そして酸素といった地表近くにいくらでもあるものばかりだ。材料はどこにでもあるものなのにもかかわらず、めったに産出しないということは、でき方がスペシャルだということである。

何がスペシャルかといえば、圧力だ。ヒスイ輝石ができるには高圧環境が必要である。材料となるのは海底の堆積物で、それが地下20～30㎞もの高圧環境に置かれるとヒスイ輝石に変わっていく。

海底堆積物を地下深部に運ぶ原動力は**プレート運動**である。そして、蛇紋岩《じゃもんがん》という岩石に取り込まれてゆっくりと上昇し、ついには糸魚川地域の山に露出、風雨によって侵食され、転石となって川を流れ、海に戻っていくというわけだ。

人々の心を動かした翡翠は、壮大な大地の動きによって生まれた石だった。このように人類の地球の歴史を重ね合わせてみることも、地球科学の楽しみである。

身近に学ぶ
地球科学
06

多くの人を魅了する宝石ができたストーリー

▼宝石と地球科学

◉地球深部にあるマントルで形成されたダイヤモンド

現在最もポピュラーな宝石といえば、ダイヤモンドであろう。多くの人を魅了してしまう輝きは、ブリリアントカットと呼ばれる五十八面体にされることにより引き出されている。

ダイヤモンドは屈折率（真空中の光速を物質中の光速で割った値）が高いという特性がある。光がダイヤモンドに入るときには、大きく屈折するのだ。また、プリズムのように光を七色に分ける性質（分散）が強い。したがって、赤、橙《だいだい》、黄、緑、青、藍、紫の色に分かれて見える。つまり、七色にきらめくのだ。

ブリリアントカットでは、ダイヤモンドの上部から入射した光が、内部で屈折や反射を繰り返しながら、すべて上部に戻ってくるように設計されている。同時に、光が七色に分けられて、色鮮やかに輝く。

まさに「磨けば光る」わけだが、やみくもに磨けばよいというわけではない。石の特性を熟知して、最大限活かすように磨かなければならないというのは、なんと

地球の内部

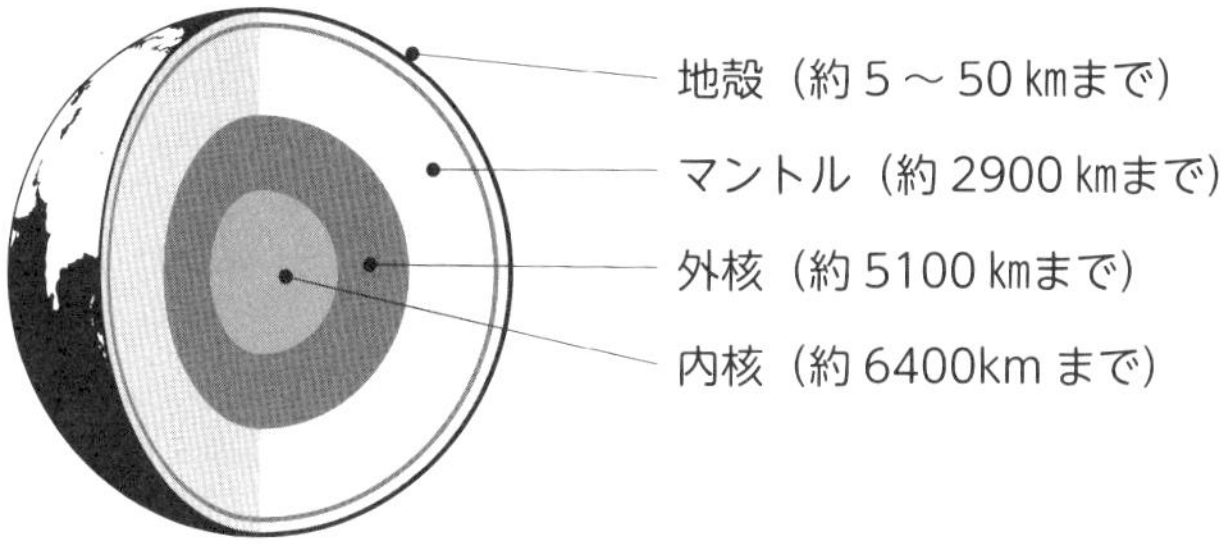

も教訓的だ。

ところで、ダイヤモンドは**炭素**でできている。炭素原子がぎゅっと詰まったダイヤモンドができるためには高い圧力が必要で、深さ約150㎞よりも深くなければならないと推定されている。

したがって、多くのダイヤモンドの生まれ故郷はマントル（上図参照）と考えられる（注：大陸衝突によって形成される超高圧変成岩の中でもダイヤモンドが見つかっている）。

それほど深いところから、ダイヤモンドはどのようにして運ばれてきたのだろう。そのことを知るにはダイヤモンドだけを見ていてはダメで、ダイヤモンドを含んでいる岩石を知る必要がある。

ダイヤモンドを含む岩石は**キンバーライト**と呼ばれる珍しい火山岩である。シリカ分（二酸化ケイ素＝SiO_2）が少なく、ガス成分（水や二酸化炭素など）が多い。マグマに溶けていたガス成分が発泡することで、マグマは爆発的な噴火をひき起こし、マントルから高速で上昇させた。

その途中で、マントル物質を粉々に砕いては、地表まで運んだのだ。

じつは、ダイヤモンドは熱に弱い。高圧であっても高温すぎると、

一口メモ

日本のダイヤモンド　日本列島にはダイヤモンドはできないと考えらえていたが、2007年に日本初のダイヤモンド発見が報告された。場所は四国中央市新宮《しんぐう》地区、マグマが固まったランプロファイアーという岩石の中に取り込まれていたマントル起源物質であるカンラン岩の中にあり、約1μm（1mmの千分の一）ほどの微細なものだが、科学的意義は大きい。

炭素原子がそれほど詰まっていない**グラファイト**（**石墨**《せきぼく》）という鉱物に変化してしまうのだ。したがって、高温のマグマの中では、長い時間ダイヤモンドのままでいることができない。

ダイヤモンドは、爆発的噴火によって産地直送されたマントルからの贈り物なのだ。

◉漆黒の化石ジュエリー「ジェット」

アンティークジュエリーに**ジェット**と呼ばれる宝石がある。軟らかいので細工がし易く、磨くと黒い石に深みのある艶が出るので、「漆黒のジュエリー」などと呼ばれることもある。

じつは、ジェットは石炭の一種である。

石炭というのは、森林をつくっていた樹木が地中に埋もれて、徐々に炭化が進んだものだ。炭化の程度により、泥炭《でいたん》、褐炭《かったん》、歴青炭《れきせいたん》、無煙炭《むえんたん》と変わっていく。その分類に従えば、ジェットは炭化があまり進んでいない「褐炭」にあたる。石炭としては品質が低いということである。

だが、ジェットは普通の褐炭ではない。アンティークジュエリーに使われているジェットは、ほとんどがイギリス沖の北海沿岸の町ウィットビーで採られたものであるが、**石炭層**は見られない。ジェットは、約1億8000万年前のジュラ紀とい

ダイヤモンドの結晶とジェットのアンティークジュエリー

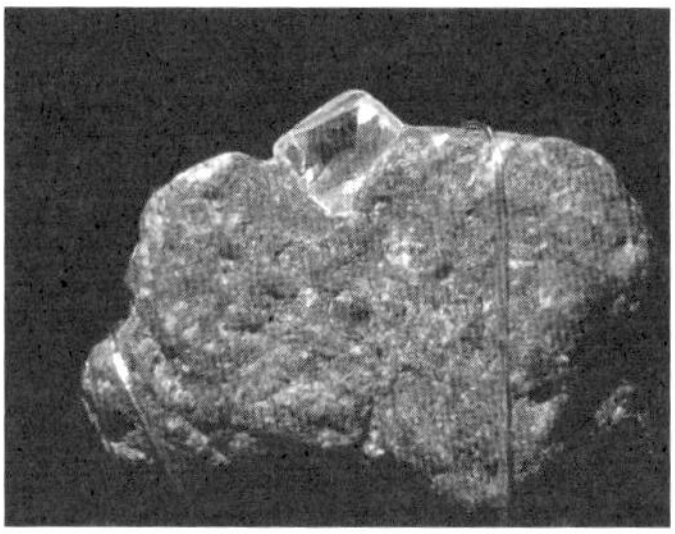

名古屋市科学館展示標本
著者・西本撮影

写真提供：アーツ＆アンティークス ミアルカ

う時代の泥が固まった地層の中に散らばっているのだ。しかも、この地層からは、アンモナイトなどの化石が見つかるので、海底でできた地層だと考えられる。

こうした観察から推測されることは、ジェットが流木だったということだ。

樹木の幹や枝が、どこからか海までに流されてきた。それが、海底に沈み、ほかの生物の遺骸《いがい》などとともに泥に埋もれた。地下深くに長期間埋もれている間に、固くて黒い石に変化していった。そして、地表に露出し、海の波で削られ、海岸に落ちていたのを人間が見つけた。

そして、美しい輝きを放つものが選ばれ、細工され、ジュエリーとして用いられたのだ。漆黒の化石がたどった歴史を、地層が教えてくれるのである。

◉鉱物は染まりやすい性質をもっている

宝石の魅力をはかる要素に色がある。

宝石にされる鉱物の色は、たいてい不純物によるものだ。たとえば、ルビーは、「コランダム」という鉱物の赤色のものをいう。コ

一口メモ

ジェットのモーニング・ジュエリー イギリスのヴィクトリア女王（1819～1901）が夫のアルバート公を亡くした際、喪に服する期間に、故人を追悼するために身につけられる装身具「モーニング・ジュエリー」として四半世紀にもわたって身につけ、ヨーロッパで流行した（モーニング：mourningは「喪」の意味。morning：朝ではない）。

ランダムは、酸化アルミニウムの結晶であって、本来無色なのだが、わずか1％程度のクロムという元素が混ざることによって赤くなる。

ルビーは大粒が少なく、宝石の中でもとりわけ希少価値の高いものとなっている。とくに、ミャンマー産のルビーは美しい濃赤色で、最高級のものとされる。

ちなみに、鉄とチタンが混ざって青色になるとサファイアと呼ばれる。鉱物は、ほんのわずかな不純物で色づいてしまうのだ。

「大粒のルビーは存在しない」ということは、地質学的に根拠がある。そもそも、酸化アルミニウムであるコランダムと、クロムが出会う確率は低いのだ。

アルミニウムはどこにでも普通にある元素だが、クロムは重い元素なので、岩石が融けてマグマになると下に沈んで取り除かれてしまうのだ。

したがって、ルビーはマグマの中ではできないので、**変成岩**という融けたことのない岩石の中で生成される（65ページも参照のこと）。固体の中で結晶ができるのは時間がかかるため、とうてい大粒にはなれないのである。

身近に学ぶ地球科学 07

風景に見る大地のストーリー

▼絶景と地球科学

◉なぜ富士山は巨大な山になったのか

富士山は多くの人を惹《ひ》きつけてやまない。古くから数々の文学や芸術作品のモチーフとなってきた。新幹線や飛行機から富士山が見えれば、カメラを取り出したくなってしまう。

その魅力は、いったい何だろう。

山の稜線のラインと裾野が広がる形は何ともいえないほど美しい。だが、実際に見たときに惹かれてしまうのは、おそらく圧倒的なスケールのせいではないかと思う。海からそびえ立つ巨大な独立峰というのは、際立った存在感である。だからこそ信仰の対象となり、詩歌が読まれ、日本人の心に宿るようになったのだろう。

優美な山容の富士山だが、それは激しい**噴火**によってできた。繰り返し噴出した火山灰や溶岩などが幾重にも積み重なり、巨大な山となったのだ。

しかも、小御岳《こみたけ》と古富士《こふじ》という別の火山が富士山の下に埋もれている。小御岳火山の下には、さらに古い先《せん》小御岳火山が隠れている。要するに、富士山は、別の火

新旧の火山の噴火の名残を見せる富士山

（上）山中湖から見た富士山は稜線に膨らみがある
写真提供：山中湖村
（下）静岡県御殿場市から見た富士山。左斜面の穴は宝永火口
著者・鎌田撮影

山を土台にして、その上に乗っかるかたちで大きくなっているのだ。

その歴史を垣間見せてくれる場所がある。山中湖あたりだ。

山中湖から見る富士山を眺めてみると、稜線にちょっとした膨らみ（写真・上の矢印参照）があってきれいなラインになっていないことに気づくだろう。

右側の膨《ふく》らみは富士山の噴出物で埋もれずに少しだけ顔を出した**小御岳火山**、左側の膨らみは江戸時代の噴火でできた**宝永火山**である。富士の裾野に、新旧の火山噴火の名残を見せているのである。

地球表面に見られる地形は、

一口メモ

地質時代［ちしつじだい：Geologic time scale］ 地球が誕生してから現在までの歴史を時代区分したもの。大きく、冥王《めいおう》代、始生代、原生代、古生代、中生代、新生代に分けられ、それぞれがさらに細分化されている。

かつて起こった現象の記録である。火山噴火といった大地の歴史が景色の中に隠れている。

◉グランドキャニオンの真のシャッターチャンスは昼間？

アメリカ・アリゾナ州のグランドキャニオンは人気の観光地となっているから、訪れた人は多いかもしれない。コロラド川が約4000万年もかけてコロラド高原を削り込んでできた深さ1500mもの峡谷を見下ろせば、そのスケールに圧倒される。

グランドキャニオンでは、「日の入りと日の出を見逃すな」ということになっている。地平線の真っ赤な太陽によって峡谷が赤く照らされ、陰影がハッキリして立体感が生まれるからだ。

たしかに、シャッターチャンスだと思う。大峡谷の上部が赤く染まり始めるタイミングで下のほうに目を移せば、深緑に見える谷底に吸い込まれそうになる。それは、ただ呆然と立ち尽くしてしまうほどの絶景である。

だが、壮大なパノラマを見渡しながら大地の営みを感じることができるのは、昼間ではないだろうか。峡谷の谷壁にあらわになった、ほぼ水平な地層がはっきりと見えるからだ。

約5億2000万年前から約2億6000万年前までの、古生代という**地質時代**

グランドキャニオンに行ったら地層もチェック

アメリカ・アリゾナ州にて
著者・西本撮影

のほとんどの地層が積み重なっている。生物の化石も多く見つかり、かつて豊かな生態系を育む浅い海が広がっていたことを物語る。

古生代の後、中生代から新生代はじめにかけて、地層は積み重なり続けた。しかし、隆起して高原になってから、軟らかい地層が**侵食**によって削り取られるようになった。いまも、雨と風によって大地が少しずつ細かく砕かれ、川の流れによって海へと運び去られている。

つまり、かつて海底であったところが陸になり、再び海に戻っている現場なのである。

グランドキャニオンができるまでのストーリーは、地層や岩石に記録されている。そう思うと、悠久《ゆうきゅう》の時の流れや圧倒的な地球の営みなどを感じずにはいられない。ますます絶景に見えてくる。

身近に学ぶ
地球科学
08

地球の歴史を読み解く手がかり

▼観察から始まる地球科学

◉弛《たゆ》むことなき流れの記録

石や景色を見ることで地球の営みを感じることができるのは、地球科学のおかげだ。科学的な知識が乏しかった昔の人たちにとって、いまのような自然観をもつことは難しかったに違いない。

科学が発展する前、絶景を目《ま》の当たりにした人々は、それが過去に起こった天変地異でできたものだと信じた。身のまわりで起こっている現象でできるとは、とうてい信じられなかっただろう。旧約聖書に書かれている「ノアの洪水」もそのような考えからきていると思われる。

ずっと昔から絶え間なく続く川の流れが少しずつ大地を削ってきたのであり、現在もその営みが続いていると考えたのは、**地質学**の父と呼ばれるスコットランドの哲学者**ジェームス・ハットン**（1726－1797）だ。「自然は急激にではなくゆっくりと絶え間なく変化してきたのであり、現在観察されている現象から過去を読み解くことができる」と考えたのである。

この考え方を**斉一説**《せいいっせつ》という。ゆっくりと変化している現在の地球を見れば、地球の歴史が、当時信じられていた数千年程度ではなく、もっとずっと長くて果てしないということに気づいたのだ。

斉一説は、その後、**チャールズ・ライエル**（１７９７－１８７５）が『**地質学原理**（Principles of Geology）』を１８３０年に出版したことで広まったらしい。

もっとも、現在の地球科学では、天変地異といってもよいような現象が起こっていることがわかっており、それについては後で述べることにしよう。

ともかく、彼らは、丹念に観察することで、地球の歴史を読み解こうとした。そして、「現在は過去を解く鍵」であるという考えに至った。弛《たゆ》むことなき時の流れと自然の営みを、地層の中に垣間見たのであろう。

◉露頭観察から始まった地質学

地層がいつできたものなのか、それを知ることは簡単ではない。

ただいえることは、積み重なった地層では、上に重なっている層ほど新しく、下のほうほど古いということだ。これを**地層累重**《るいじゅう》**の法則**という。

古生代、中生代、新生代といった地質時代の名前を聞いた人は多いだろう。地質時代は、地層の重なりと化石によって決められたのである。

そのアイデアを考えついたのは、イギリスの測量技師**ウィリアム・スミス**（１７

69－1839）であった。

彼は、炭鉱で働くようになり、地層の観察から地層累重の法則を見出し、地層の上下関係から古い順がわかると仮説を立てた。そして、ある地層には特定の化石が出ることに気づき、離れた場所であっても同じ化石が出れば、同じ時代の地層だと考えた。

そうなると、地層がどのように広がっているのか気になってしかたなかったのだろう。イギリス中を歩き回って地層の分布を調べ、1815年、世界で最初の地質図を完成させたのである。

スミス自身、地質図を描くことで、何百㎞も続く地層をつくった壮大なスケールの現象が起こっていることに気づいたはずだ。地層の広がりを実感し、圧倒的な地球の営みを感じ取ったに違いない。

岩石や地層が地表に露出しているところを**露頭**《ろとう》という。地質学は**露頭観察**から始まったといってよいだろう。

これだけ科学が発展した今日でも、地球科学において露頭観察は何より大切だ。どんな理論を立てようが、観察される現実を説明できない理論に意味はないからである。そのため、できるだけ現物を観察することに力を注ぐのだ。

身近に学ぶ地球科学 09

地球科学は科学の総合デパート

▼ありとあらゆる科学的手法を総動員する地球科学

◉わずかな証拠から真実を導き出すミステリーのような世界

地球科学の発展により、地球内部はどうなっているのか、地球はどのようにしてできたのかがわかるようになったのか。

20世紀に入ると大陸移動説が発表され、プレートテクトニクスという考えが生まれ、地質学的な現象についての理解が一気に進んだ。20世紀後半には、隕石の衝突によって恐竜が絶滅したという説が発表され、地球がゆっくり変化してきたという定説が揺るがされることになった。

こうした地球の姿や生い立ちについては、どこかで聞いたことがある人も多いだろう。そういった地球と生命進化の歴史は、石や露頭観察から解き明かしたことをたくさん紡《つむ》ぎ合わせたストーリーなのだ。その点、地球科学には歴史学的な側面がある。

だが、証拠に基づいたストーリーでなければ、それは科学でなくなってしまう。自然のなかから過去の現象の証拠を見い出していかなければならない。事件現場か

一口メモ

プレートテクトニクス　地球表層が何枚かのプレートに分かれていて、それぞれが水平移動することによって、地球で起こる様々な現象を引き起こしているという理論（第３章参照）。1960 年代に登場し、地球科学に革命をもたらした。

ら採取されたわずかな物を鑑定・検査し、それを手がかりに真実に迫る。その点、地球科学は事件捜査のようでもある。

わずかの証拠から、直接見ることはできない地下で起こっている現象を解明しようすることは、たいへん難しい。しかし、科学やテクノロジーの発展によって、目に見えないことを観測したり、実験を行なうなどして、くわしく調べることができるようになってきた。

自然現象を引き起こす要因は、化学反応であったり、生物活動であったりと様々であるから、いろいろな分野に助けを求めて、多様な視点で探求する。ありとあらゆる科学的手法を総動員するのだ。

そのため、地球科学は幅広く、鉱物学、岩石学、古生物学、層序学、地形学、地球化学、地球物理学といった具合に、多くの分野に分かれている。まるで科学の総合デパートだ。

◉スーパーズームで地球を見る

美術館などで絵画を鑑賞する際、近づいてじっくりディテールを見たり、少し距離を置いて全体のバランスや雰囲気を眺めてみたりする人も多いだろう。作者の生い立ちや時代背景などを知ると、作者が作品に込めたメッセージや心情などを想像しやすくなり、鑑賞の楽しさが倍増するというものだ。

その点は地球科学も、美術鑑賞に似ている。小さな石のディテールを見る一方で、全体を俯瞰《ふかん》する意味で壮大な風景を眺める。地球の生い立ちや時代背景などを知ると、石や景色を見る楽しさが倍増する。

石も大地も、何も語ってはくれないから、地球の生い立ちや時代背景を知るためには、地球が描いた「模様」や「形」を見る。地層というしま模様をつくったのが土砂の堆積の繰り返しであるように、石や景色の中に見える模様や形は、何らかの現象でできたものなのである。

ミクロからマクロまで、地球をスーパーズームで観察するのが地球科学だ。地球科学は、自然のなかに大地のストーリーを垣間見せてくれるとともに、地球のダイナミズムを実感させてくれるのである。

第❷章

ミクロな地球科学

～地球のかけらのディテールを調べる方法～

ミクロな地球科学 01

地球を形づくっている鉱物とは何だろう

▼鉱物のプロファイリング

◉原子が正しく配列されている鉱物結晶の魅力

美しい鉱物結晶は、自然界でどのようにしてできたのだろうか。

たとえば、水晶を見てみると、結晶の外形はバリエーションに富んでおり、長く伸びたようなもの、平べったいもの、ソロバン型のものなど、じつに多様な形状をしている。その一方で、幾何学的パターンには共通性があり、基本的には六角柱と六角錐《すい》を繋《つな》げたような形となっている。

こうした自然のなかにある規則性と多様性には、必ず理由がある。

鉱物結晶の規則性は、原子が規則正しく配列している証であり、多様性は形成環境条件、たとえば、材料である元素濃度、温度、圧力などの違いから生じる。そこには、地球内部で起こっているミクロな現象とマクロな現象とが絡んでいる。

鉱物の特性に関する情報収集を行なうことで、地球で起こった現象を調べようとするのが**鉱物学**である。いわば、鉱物の〝プロファイリング〟に基づいた地球の事件捜査といえるだろう。鉱物に秘められた過去を読み解いていくことで、見かけの

自然にできたことが不思議に思えてくる鉱物の結晶

（右）サイコロ状の形をした黄鉄鉱の結晶
（左）基本的に六角柱と六角錐を繋げたような形となっている水晶の結晶
名古屋市科学館にて著者・西本撮影

美しさではなく、内面の魅力を引き出していくのだ。

◉鉱物は固体地球の構成要素

鉱物を、ひとことで言うなら、中身の成分（化学組成）を式（化学式）で表わすことができる天然の無機物の結晶（原子が規則正しく並んでいる固体）ということになる。無機物とは、基本的には生物が関与しなくてもできる物質だと思ってもらえばよいだろう。

国際鉱物学連合では、次の3つの条件を満たしているものを「鉱物」と定義している。

・一定の化学組成をもつ
・一定の結晶構造をもつ
・地質学的プロセスでできたものである

ただし、3つの条件を満たさないにもかかわらず、例外的に鉱物とされているものもある。たとえば、液体である自然水銀や結晶構造をもたないオパールも、鉱物として取り扱われている。

地球科学の視点からいえば、大気と海を除く地球の構成要素だと考えるのがよいだろう。鉱物がどのようにしてできたのかを考えることが、地球の現象を理解することにつながるのだ。

ミクロな地球科学02

鉱物を構成している元素を分析する方法

▼鉱物の鑑定と化学分析

◉観察経験がものをいう職人技のような鉱物の肉眼鑑定

鉱物の種類は約5000種類くらいあるといわれ、毎年新種が発見されて増えている。とても多い気がするかもしれないが、既知のものだけで800万種くらいあるという生物に比べれば、ずっと少ない。

しかも、普段お目にかかるような鉱物だけなら、せいぜい100種類にも満たないから、名前を覚えることは、生物よりずっとたやすいはずだ。

鉱物図鑑などには鑑定の手がかりとなる性質がまとめられている。色、光沢（つや）、割れ方（へき開《かい》や断口《だんこう》）、条痕色《じょうこんしょく》（粉末の色）、結晶の形状（結晶系）、硬さ（硬度）、比重（密度）などで判別ポイントを示してくれていて、たいへん便利である。

だが、図鑑と見比べるだけで鉱物を鑑定（区別）するのは難しい。動植物と違い、鉱物は決まった形がないし、光沢や割れ方の特徴は、写真や言葉で伝えきれないからだ。

一口メモ

鉱物［こうぶつ］「鉱物（mineral）」という語は、スウェーデンの博物学者で、「分析学の父」と称されるカール・フォン・リンネ（1707～1778）が、『自然の体系』という著書で、自然界を動物・植物・鉱物に分類したことから始まった。そして、東京大学地質学教室教授の小藤文次郎（1856～1935）が、mineralを「鉱物」と和訳した。

結局のところ、肉眼鑑定できるようになるには、自分の目で実物をたくさん観察して見慣れるしかない。慣れとか熟練が必要で、「経験がものをいう」ような面がある。

しかも、細かく分類された**鉱物種**を肉眼観察だけで鑑定することも難しいため、通常は大雑把なグループの名称で済ませている。たとえば、長石《ちょうせき》（アルカリ長石と斜長石《しゃちょうせき》）、雲母《うんも》、角閃石《かくせんせき》、輝石《きせき》、カンラン石は、どれも鉱物グループ名であって、実際はもっと細かく分類されている。

鉱物の鑑定を難しくしてしまう理由の1つは、**化学組成**（物質を構成する元素がどれくらいの比率で含まれているかを示したもの）が連続的に変化するということがあるだろう。

水とエタノールは、アルコール分0％から100％まで、どんな割合でも互いに混ざり合い、見ただけでアルコール分を知るのは不可能である。固体である鉱物も、それと同じように、化学組成が連続的に混ざり合っているのだ。このような固体を**固溶体**《こようたい》という。

たとえば、斜長石はたいていの岩石に含まれる鉱物グループであるが、ナトリウムが多いアルバイト（曹長石《そうちょうせき》）とカルシウムが多いアノーサイト（灰長石《かいちょうせき》）の固溶体である。分析をしないでナトリウムとカルシウムの比率を知るのは困難であるから、まとめて斜長石と呼ぶことのほうが多い。

一口メモ

モース硬度［モースこうど］ 鉱物の硬さを調べるには「モースの硬度計」が便利だ。最も硬いダイヤモンドから最も軟らかい滑石まで十段階の基準となる鉱物が決められており、鉱物同士を引っかいたときに傷がつくかつかないかで調べる。硬さと脆《もろ》さは別の性質で、硬いダイヤモンドもハンマーでたたけば粉々に割れてしまう。

◉小さな鉱物を化学分析するときは

鉱物の化学組成を正確に知りたいなら、化学分析を行なうことになる。博物館などにディスプレイされているような大きなサイズの鉱物結晶なら、少しだけ欠いて溶かして分析することができるかもしれない。だが、たいていの鉱物は岩石の中で小さな粒として存在している。

そんな小さな鉱物の化学組成をどのようにして分析するかといえば、電子ビームやX線をピンポイントで照射する。そうすると、元素ごとに特徴的なX線（特性X線）が発生するので、その強度から含有量を計算するのである。

研究目的によっては、同位体の比率を測定することもある。その場合は、質量分析計を用いる。何らかの方法で鉱物をイオン化させて、電界や磁界の働きによって質量ごとに分離し、原子の数をカウントする。

こうした化学的手法を駆使して地球の生い立ちに迫る分野が**地球化学**である。鉱物の化学組成や同位体比は、形成時の温度圧力などの物理条件を反映しており、鉱物ができた環境を探る手がかりとなるのだ。

◉化学組成だけでは区別ができない鉱物もある

ダイヤモンドは炭素だけでできた鉱物で、「C」という化学式、石英はケイ素と酸素が結合した結晶で、「SiO_2」という化学式で表わすことができる。

一口メモ

同位体［どういたい／アイソトープ］ 同じ元素（原子番号が同じ）で、化学的性質は同じであっても、質量が異なるものが存在する。これは原子核中の中性子の数が異なるためで、こうした原子どうしを「同位体（アイソトープ）」という。同位体は、放射能をもつ放射性同位体ともたない安定同位体がある。

結晶構造解析の概要

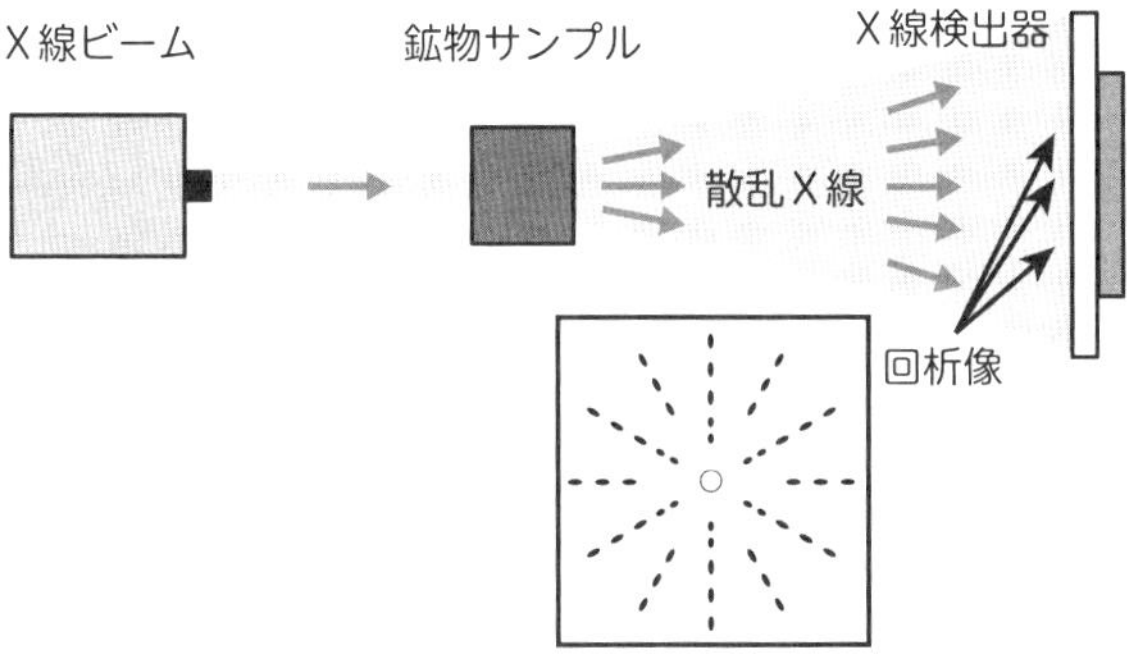

ところが、グラファイト（C）やクリストバライト（SiO_2）といった、同じ化学組成なのに原子の並び方（**結晶構造**）が違う鉱物が存在する。化学組成だけわかっても、結晶構造がわからなければ、鑑定ができないことがあるのだ。

結晶構造を調べるためにはX線を使う。X線を原子が規則正しく配列している結晶に当てると散乱され、ある条件（ブラッグの条件）を満たしたときにとくに強く散乱される。この現象が**回折**《かいせつ》である。

X線回折が起こる方向（回折角度）は、X線の波長と入射角、そして3次元的な原子配列によって決まる。詳細については物理学の教科書を読んでもらうとして、X線を当ててはね返ってくるX線の強さと方向を測定すれば結晶構造が計算できるのだと思ってほしい。

鉱物の結晶構造を知るためには、物理学や化学の手法が必要になってくるのだ。

鉱物はどこで形成されるのか

▼鉱物の出身地調査

◉鉱物ができる環境は決まっている

硬くて透明なダイヤモンドの生まれ故郷は地下深部だといわれる。なぜそんなことがいえるかといえば、ダイヤモンドが安定に存在できるのは高圧環境だけだからである。

それに対して、同じ炭素でできているグラファイト（石墨《せきぼく》。粘土などと混合させたうえで鉛筆の芯《しん》としても利用される）は、より低い圧力条件でないと形成されない。

どんな鉱物でも、温度・圧力や存在している元素量など、形成環境という条件がある。それを図示したのが**相図**《そうず》（または**状態図**）である。なお、線で囲まれた範囲が、その鉱物が安定して存在できる領域を示している。

逆にいうと、鉱物種がわかれば形成環境（物理化学条件）がわかるということになる。

共存している複数の鉱物種がわかれば、形成条件を絞り込むことができる。

温度や圧力などの条件によって形成される鉱物は変化する

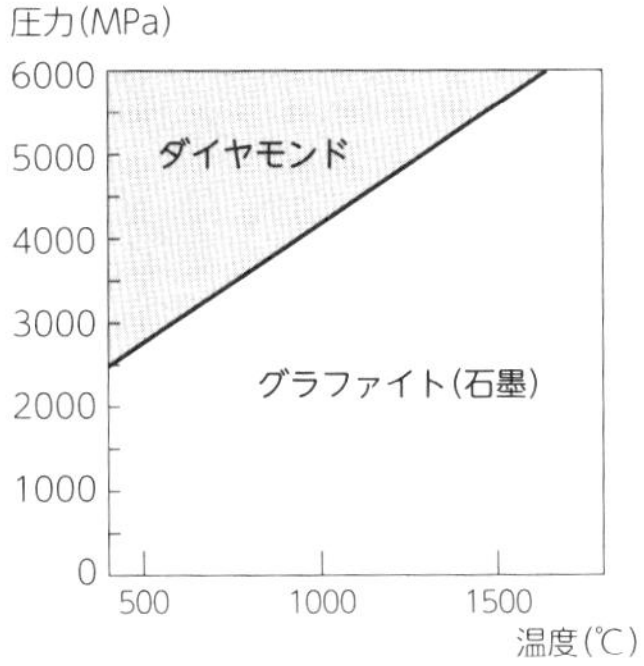

ダイヤモンドとグラファイトの相図

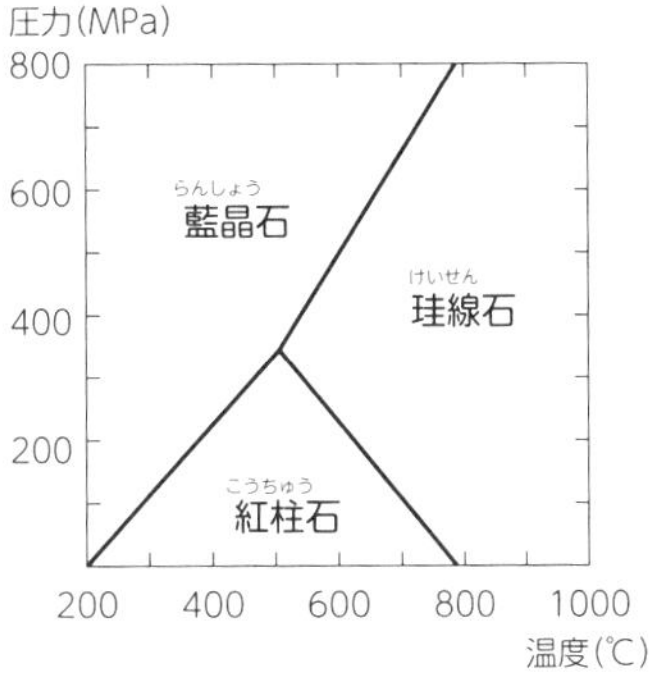

紅柱石・珪線石・藍晶石の相図

たとえば、化学組成は同じ（Al_2SiO_5）だが、結晶構造が異なる3種類の鉱物（紅柱《こうちゅう》石・珪線《けいせん》石・藍晶《らんしょう》石）は、それぞれの形成温度と圧力条件がわかっている（上図参照）。

これら3つの鉱物が共存できるのは、相図で線が集まるたった1つの条件、すなわち、温度約500℃、圧力約380メガパスカル（深さ約13㎞に相当）である。

したがって、これら3つの鉱物が同じ場所から見つかれば、地下のどのあたりでできたのかを知ることができるわけだ。

鉱物は、それ自体が、生まれ故郷を推測する手がかりとなり得るのである。

ミクロな
地球科学
04

地球で起こった現象を鉱物の集合体からひも解く岩石学

▼岩石のプロファイリング

◉岩石は「鉱物の集合体」と明確に定義された科学用語

「岩石」と「おにぎり」は似ている。

おにぎりは飯粒の集合体で、ときにゴマや海苔《のり》、鮭《さけ》などの具が加わることがあり、どのような食べ物（具）が集まっているかによって見かけが変わり、「塩むすび」や「混ぜ込みおにぎり」などと呼び名も変わる。

地球科学において、「岩石」とは、「鉱物の集合体」と明確に定義された科学用語であり、どんな鉱物が、どのように集まってできているのかで〝見かけ〟が変わってくる。

黒っぽい鉱物が多ければ全体としても黒っぽい岩石に見えるし、鉱物の粒が向きをそろえて配列していれば、全体としてはしま模様に見える。岩石の観察というのは、構成鉱物の種類と割合、そして集まり具合（岩石の組織）を調べることなのだ。

複数の鉱物が同じ岩石に入っているからといって、それらの鉱物が同時にできたとは限らない。海でできた鉱物と山でできた鉱物が一緒になっている岩石もあるし、

一口メモ

偏光顕微鏡［へんこうけんびきょう］ 19世紀にエディンバラ大学の物理学者ウィリアム・ニコルが考案。自然光はあらゆる方向に振動する光だが、偏光板と呼ばれるフィルタを通すと振動方向がそろった偏光となる。偏光板は、サングラスやカメラレンズのフィルタ、液晶テレビなどで日常的に利用されている。

もともとあった鉱物が別の鉱物に変質してしまっている岩石もある。

どんな鉱物がどんなふうに集まってできているのかを知ることは、岩石がどのようにしてできたかを知ることにつながる。

岩石の特性に関する情報収集を行なうことで、地球で起こった現象を調べようとするのが**岩石学**である。岩石の〝プロファイリング〟に基づいた地球の事件捜査といえるだろう。いわば、岩石の〝顔つき〟から岩石のルーツに迫るのだ。

◉偏光顕微鏡で組織を見る

岩石の観察に欠かせないのが**偏光顕微鏡**である。顕微鏡なのだから、拡大して見ることが目的のような気がするが、岩石の場合、拡大率はさほど必要ない。拡大しすぎると、特定の鉱物の内部だけを見ることになってしまい、鉱物の集まり具合（岩石の組織）を俯瞰《ふかん》できなくなるからだ。重要なのは、偏光を透過させて観察することなのである。

偏光を通して見る岩石は、カラフルな万華鏡のようであったり、モノトーンの小宇宙のようであったりして、とても幻想的だ。それは、鉱物の偏光に対する振る舞いが可視化されたものである。

偏光顕微鏡観察をマスターすれば、屈折率や化学組成などまで推測できるようになり、肉眼では区別しにくい鉱物を比較的簡単に同定できるようになる。

偏光顕微鏡で斜長石の組織を見ると……

安山岩（長野県諏訪市産）の偏光顕微鏡写真。写真の両端約１cm
著者・西本撮影

たとえば、火山岩中の斜長石などは一目瞭然で、まるで年輪のようなしま模様が見えることがある（写真・上）。それは、斜長石の結晶がマグマの中で成長していった痕跡なのだ。

色が違って見えるのは、鉱物の性質が微妙に違っているからである。結晶が成長していく最中に、何らかの環境変化があって、同じ結晶の中にわずかな性質の違いを生じたと考えられる。

このように偏光を通すことで、肉眼では見えにくかった岩石の組織や構造がよく見えてくるのだ。

偏光顕微鏡で観察するには、岩石をスライスしてからスライドガラスに貼り付け、光が通るくらいの薄さ（０・０３㎜程度）になるまで削る。これを**岩石薄片**《はくへん》（**岩石プレパラート**）という。

岩石薄片をつくるのには手間がかかるが、様々な分析機器が発達した現在においても、偏光顕微鏡はきわめて有効かつ不可欠な観察方法であり、強力なツールである。

岩石の薄片（プレパラート）

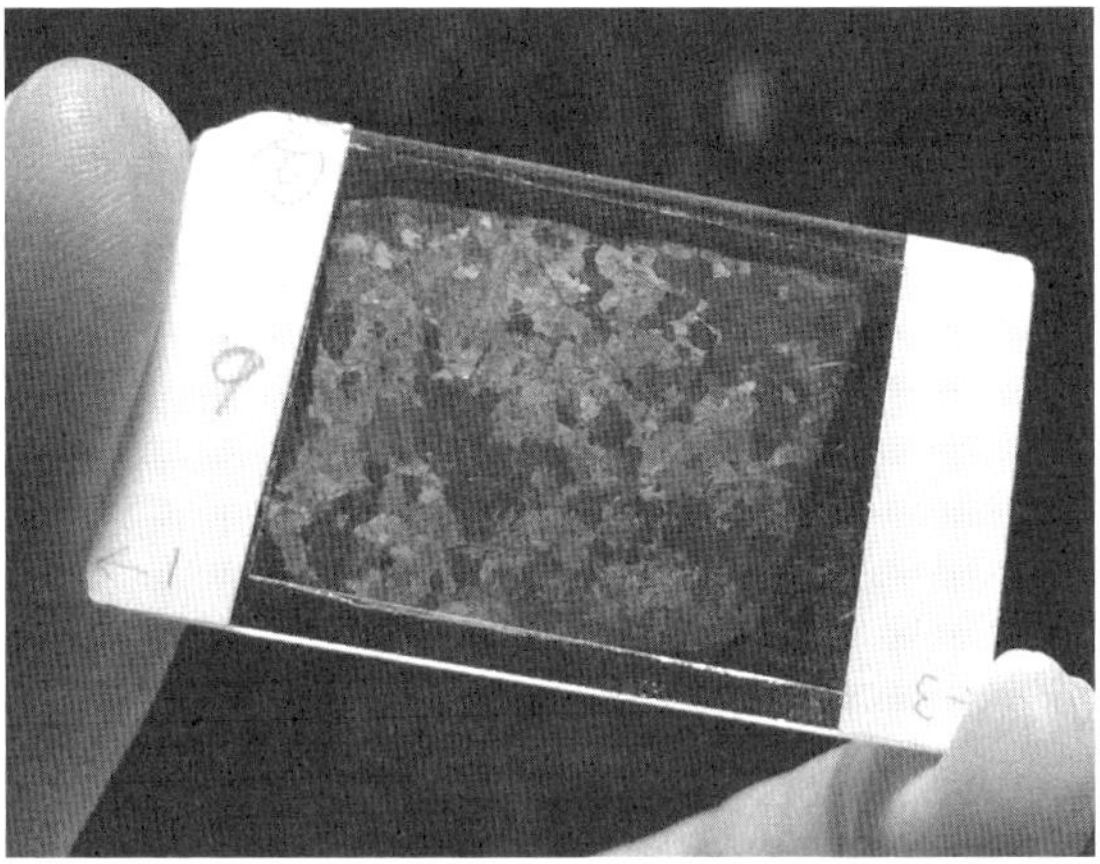

厚さ約0.03mmに研磨された岩石がスライドガラスに貼り付けてある。
著者・西本撮影

◉岩石の化学組成

岩石をつくっている鉱物は、顕微鏡でも判別できないほど細かいことも多い。そういう場合は、岩石全体の化学組成が拠りどころとなる（**全岩化学組成**）。

とくに、シリカ（二酸化ケイ素＝SiO_2）の量はマグマの粘り気（粘性）に影響するから、火山岩の素性を表わすよい指標となる。

全岩化学組成が同じでも、構成鉱物は違うということがある。この場合は、もともとは同じ岩石だった可能性を示す根拠となる。

たとえば、温度や圧力などの環境変化で、鉱物の種類や組織が変わったのかもしれない。全岩化学組成は、岩石の成因を探るうえで重要かつ基本的な情報なのである。

ミクロな地球科学 05

岩石を分類することでルーツがわかる

▼岩石の生い立ち

◉岩石は成因によって3つに分類される

鉱物の集合体である岩石は、ちょっとした構成鉱物の混ざり具合（種類、量比、粒度など）の違いで〝顔つき〟が変わってくる。したがって、わずかな違いで細かくしようとする気になれば、無数の名前をつくることができてしまう。

実際、1935年にトレーガー博士が著した火成岩の名称を集めた本には1000以上の種類が挙げられているという。

そこで、岩石の名前は、見た目の〝顔つき〟と成因（でき方）をうまく結びつけた分類法が考案され、徐々に体系化されてきた。もちろん、見た目だけで岩石鑑定するのは簡単ではない。成因といっても、大ざっぱであるかもしれない。それでも、岩石を見た目だけで、その生い立ちが見極められるようになるというのは、岩石を学ぶ醍醐味であろう。

現在、岩石は成因によって大きく3つに分類されている。**火成岩**《かせいがん》、**堆積岩**《たいせきがん》、**変成岩**《へんせいがん》である。

火成岩は、マグマが固まった岩石。堆積岩は、砂や泥などが堆積して固まった岩石。変成岩は、火成岩や堆積岩が熱や圧力を受けて変化した岩石。じつにシンプルで、どの分類に属する岩石なのかさえわかれば、どのようにしてできた岩石なのか察しがつく。岩石を分類するということは、岩石のルーツを知ることなのだ。

◉マグマがあった証拠――火成岩

真っ赤な溶岩が流れ出ていく火山噴火の映像を見たことがある人は多いだろう。地下にあったマグマが高温のまま噴き出す様子というのは、地球のパワーを見せつけられているようだ。

マグマが冷却してできた岩石が火成岩である。したがって、露頭の岩石が火成岩であれば、そこにマグマがあったということになる。

地下深くだったのか、浅い場所だったのかも推測できる。手がかりは、鉱物の粒度(サイズ)である。地下深部でゆっくり冷えれば粗くなり、火山のように地表近くですばやく冷えれば細かくなる。

火山のずっと下、地下数㎞の深さあたりには**マグマ溜**《だ》**まり**があると考えられている。そのマグマ溜まりが、ゆっくりと冷えて固まったのが**深成岩**である。

深成岩の代表選手は**花崗岩**。ビルや墓石などに使われるので、見かけることは多いはずだ。モノトーン調のものからピンクや赤いものまで、色調も様々である。鉱

身近に見られる火成岩

花崗岩（茨城県笠間市産）　安山岩（群馬県浅間山産）

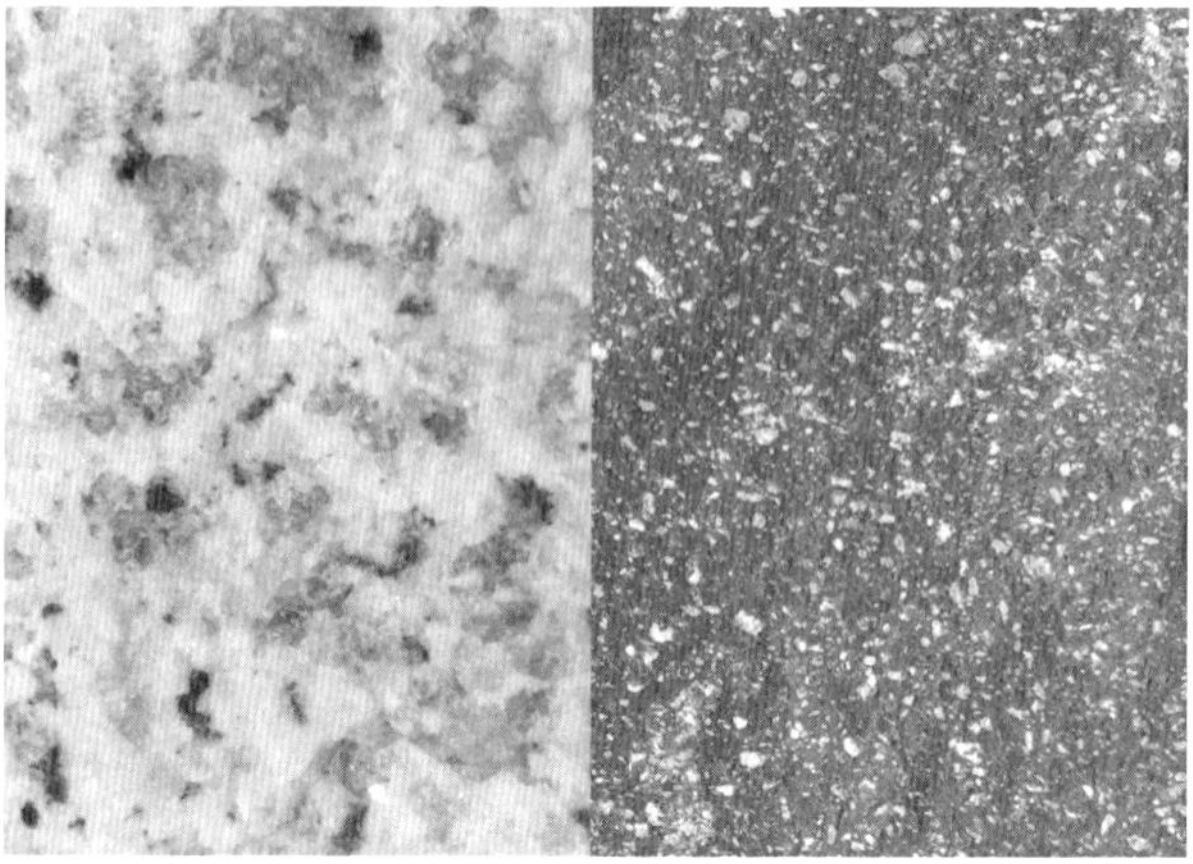

いずれも縦 5cm。著者・西本撮影

物の粒子サイズは数㎜以上あって、それぞれの鉱物が肉眼で見分けられるほどである。

これに対して、マグマが地下浅い場所まで上昇してから、すばやく冷えて固まったのが**火山岩**である。

火山岩の代表選手は**玄武岩**。富士山や伊豆大島は、主に玄武岩でできている。

東京の人にとっては、皇居や城の石垣や道路の敷石などに使われている**安山岩**のほうが身近な存在になるかもしれない。

鉱物の粒子サイズは、深成岩に比べて細かい。肉眼では見えないほど細粒の生地（石基）にやや大粒の鉱物（斑晶）が点在する**斑状**《はんじょう》**組織**である。

マグマ溜まりの中で結晶化していたのが斑晶で、マグマが地下浅いところに上昇してから急冷した部分が石基である。斑状組織は、マグマの移動を記録したものなのだ。

マグマがうごめいていた証拠、それが火成岩だ。

粒径で分類されている砕屑物

砕屑物		粒径（mm）	火山砕屑《さいせつ》物	
礫《れき》	巨礫		火山岩塊	
		256		
	大礫			
		64		
	中礫		火山礫	
		4		
	細礫			
		2		
砂	極粗粒砂		火山灰	火山砂
		1		
	粗粒砂			
		1/2（0.5）		
	中粒砂			
		1/4（0.25）		
	細粒砂			
		1/8（0.125）		
	極細粒砂			
		1/16（0.063）		
シルト	粗粒シルト			火山シルト
		1/32（0.031）		
	中粒シルト			
		1/64（0.016）		
	細粒シルト			
		1/128（0.008）		
	極細粒シルト			
		1/256（0.004）		
粘土				

岐阜県瑞浪市の地層見学地
著者・西本撮影

◉積もり積もった堆積岩

地層をつくる岩石が**堆積岩**である。岩石が砕かれてできた岩片や土砂（**砕屑物**《さいせつぶつ》）や、火山から噴出した火山灰など（**火山砕屑物**）が積もってできたのだ。

砕屑物は粒径《りゅうけい》で分類される（63ページ表参照）。粒径2㎜より大きいものが礫《れき》、粒径2〜1／16㎜なら砂、粒径1／16㎜〜1／256㎜ならシルト、1／256㎜より細かい粒子は粘土となる。

堆積岩の名前は主な砕屑物によって、礫岩《れきがん》、砂岩、シルト岩、泥岩などと呼ぶ。

生物の遺骸《いがい》が積もっていることもある。それが**化石**だ。化石は、堆積岩ができた環境の推定に役立つ重要な証拠となる。

たとえば、魚や**アンモナイト**（海洋生物）の化石が見つかれば、海底に積もった堆積岩だとわかる。

そもそも、ほとんど化石だらけの堆積岩もある。

たとえば、石灰岩は、サンゴや貝など、石灰質の殻をもった生物の化石だらけ。かつて火打ち石に使われた

変成作用が起こる場所

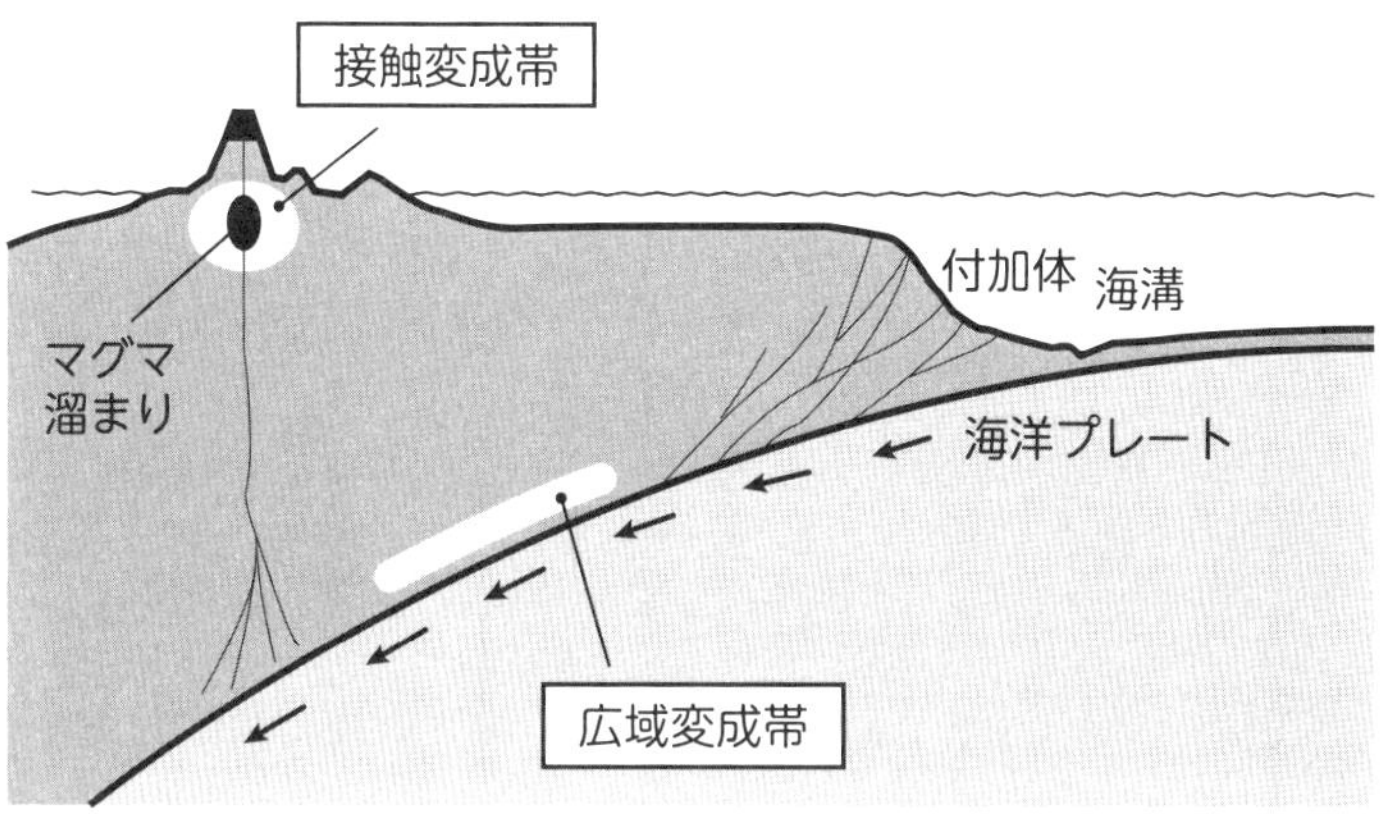

「チャート」は、主にシリカの殻をもつプランクトン「放散虫《ほうさんちゅう》」の化石だらけ。それぞれ、サンゴ礁や海洋底でできたということを知ることができる。

どんな砕屑物が積もってできたのか知ることは、地層ができた環境（ルーツ）を探る手がかりになるのだ。

◉環境変化に適応して再構築された変成岩

「秩父青石」「徳島青石」などと呼ばれる緑っぽいしま模様のある岩石がある。たたくとペラペラはがれるように割れる**片理《へんり》**という性質があり、強い圧力を受けて鉱物の粒が並んでいることから生じる。

このような岩石を**結晶片岩《けっしょうへんがん》**といい、緑色の結晶片岩は**緑色片岩《りょくしょくへんがん》**と呼ばれる。

緑色片岩は、もともと玄武岩という火山岩だったと考えられている。

事実、化学組成は玄武岩と変わらない。にもかかわらず、構成鉱物は違うのだから不思議である。地下深くにぎゅうぎゅうに押し込まれた玄武岩が、緑色片岩に〝変

変成岩

結晶《けっしょう》片岩《へんがん》の切断面。圧力を受けて鉱物が一定方向に並んだ構造（片理）がわかる。横5㎝。埼玉県皆野町産。
著者・西本撮影

身〟してしまったのだ。

　彫刻などに使われている白い大理石も〝変身〟してしまった岩石である。もともとは海でできた石灰岩が、マグマの熱で焼かれて再結晶したのだ。

　岩石の〝変身〟は、固体の状態を保ったまま、長い時間をかけてじわじわと起こる。いわば、環境変化に適応した岩石の再構築であり、**変成作用**という。変成作用でできた岩石が**変成岩**である。

　変成岩は、〝変身〟した場所（深さや温度）を教えてくれる。構成鉱物の種類から、できた場所の温度や深さなどが推定できるのだ（54ページ参照）。

　地殻変動の歴史を読み解く手がかり、それが変成岩なのである。

ミクロな地球科学 06

岩石や地層の年代を探る手がかり

▼岩石の生い立ち

◉時代の象徴となる化石

世の中、ある時期にとくに流行する現象がある。音楽でいえば、ビートルズなら1960年代だし、マドンナやセリーヌ・ディオンなら1990年代ということになるだろう。世に広まっていた音楽は、時代を示す象徴となる。

生物も同じだ。ある時代の地球上に広がっていた生物は、その時代の象徴的な存在になる。地層から化石を発見すれば、時代を知ることができるのだ。

たとえば、三葉虫の化石が出るのは古生代だけだし、恐竜の化石が出てくるのは中生代だけである。このように特定の時代にだけ広く分布していた生物の化石は、地層の年代を示してくれるという意味で**示準《しじゅん》化石**という。遠く離れた場所でも年代が比較できるよう、生息範囲が広いことが望ましい。

地球史は、地層から発見された生物の化石によって区分されてきた。古生代、中生代、新生代という時代名に「生」の字が入っているのはそのためである。地質年代表が、新しい時代ほど上に書かれるのは、もともと化石に基づく地層区分だから

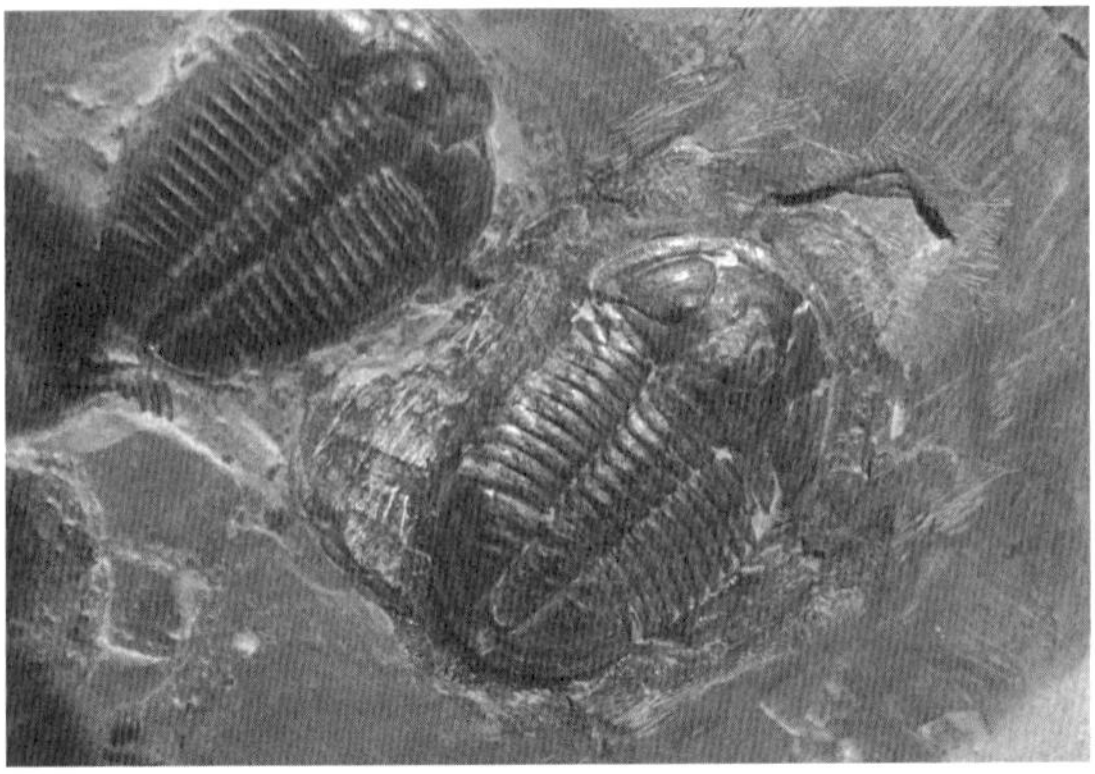

古生代にのみ生息した節足動物「三葉虫」の化石
著者・西本撮影

である。

過去のある時期に繁栄と絶滅を繰り返してきた生物は、化石となって、地層の年代を探る手がかりとなってくれているのだ。

◉微化石による年代決定

示準化石のなかでも、よく役立つのは小さな化石である。顕微鏡でしか見えないような小さな生物やその部分の化石は**微化石**と呼ばれる。

代表的な微化石は、有孔虫《ゆうこうちゅう》、珪藻《けいそう》、放散虫《ほうさんちゅう》、円石藻《えんせきそう》などのプランクトンである。これらのプランクトンは固い殻をもっており、その形はユニークなものが多い。

小さいおかげで、土砂と一緒に降り積もっても、破損や変形がしにくいようで、地層中に残りやすい。浮遊していたのだから、海流に乗って生息範囲をすぐに広げられたはずだし、種類も個体数も多い。

これら微化石のなかから特定の時期にだけ生きていた種類を探し出していくことで、地層を細かく年代区分してい

一口メモ

珪藻土［けいそうど］ 珪藻土は見かけはただの泥にしか見えないが、植物プランクトンの一種「珪藻」の殻が水底に積もってできた化石の塊である。火に強いことから、炭火を入れて使う七輪や耐火レンガの材料、家の土壁などとして使用されてきた。珪藻の殻はシリカ（珪質）で耐熱性があり、見た目のわりにとても軽い。

く研究が進んだ。現在では、他の年代測定と組み合わせることで、地層の年代を決めるモノサシ「**微化石年代尺度**」がつくられている。

微化石は、年代だけでなく、過去の環境指標にもなる。淡水であったか、海水であったか、気候の変動によって変化する植生を反映した花粉や胞子などは、過去の地球環境を復元する指標として用いられる。太古の地球環境変動を教えてくれる重要な手がかりとなっているのだ。

微化石の種類は、何千、何万もあるので、種名を判別できるようになるには、かなりの習熟が必要である。

◉火山灰による年代決定

広い範囲にわたって、短期間に地層をつくることができるのは微化石だけではない。火山噴火で放出される火山灰は、噴火で空高く舞い上がり、風に乗って広がり、短時間のうちに広い範囲に積もる。

とくに、大規模な火山噴火では広範囲にわたって降り積もるため、各地の地層中に火山灰層をはさんで、あたかも火山噴火のタイミングをマーキングしているかのようだ。

遠く離れた場所であっても、同じ火山灰層が見つかれば、ほぼ同時にできた地層だといえる。その火山灰が放出された噴火年代がわかっていれば、地層の形成年代

一口メモ

キュリー点［キュリーてん］ 物質が磁性を失う温度を「キュリー点」と呼び、金属鉄では770℃、磁鉄鉱では580℃である。マグマが固まる場合、高温では鉱物は磁性を保てないが、キュリー点より温度が低く下がったとき、そのときの地球の磁界の方向に帯磁する。

が正確にわかる。いわば、火山灰層が時間目盛となるのだ。

火山噴火によって放出されるのは火山灰ばかりではなく、様々な**火山噴出物**（火山礫、軽石、スコリア（岩滓《がんさい》）、火山ガラスなど）が混ざっているので、それらをひとまとめにして**テフラ**と呼ぶ。

テフラ層としての特徴としては、見かけの色だけではなく、含まれている鉱物や軽石の種類、火山ガラスの化学組成なども調べる必要がある。

日本で噴出年代がわかっているテフラがいくつかある。たとえば、約7300年前の「アカホヤ」、約3万年前の「姶良《あいら》Tn」（134ページおよび138ページ参照）などがあり、地層年代の判定に役立っている。火山灰は、地層の中に時代の目盛りを刻んでいる。

◉古地磁気による年代決定

地球は1つの大きな磁石になっている。したがって、方位磁針のN極は北のほうを指すものと決まっている。それは、地球が大きな磁石になっているからである。地球のもっている磁性を**地磁気**（**地球磁場**）という。

ところが、かつては、N極が南を指していた時代があった。地磁気が反転していたのだ。なぜそんなことがわかるのだろうか。

地層や岩石にはわずかに含まれている磁性をもつ鉱物は、火成岩ではマグマが固まるとき、堆積岩では海や湖で沈降するときに、磁性鉱物が地磁気の向きに配列するのだ。マグマ固結時または堆積当時の地磁気の向きが記録されるというわけである。これを**古地磁気**という。

したがって、地層や岩石に記録された地磁気を調べると、方位磁針がどちらを向いていたのかわかる。磁性鉱物はたいていどこにでもあるから、微化石も見つからないような地層であっても測定できる。そこで、地磁気の変動パターンを年代の目盛りとして活用しているのだ。

地質時代を通して地磁気を調べてみると、方位磁針の指す方向が北であったり南であったりする時期が繰り返されたことがわかっている。

珪藻《けいそう》の一種

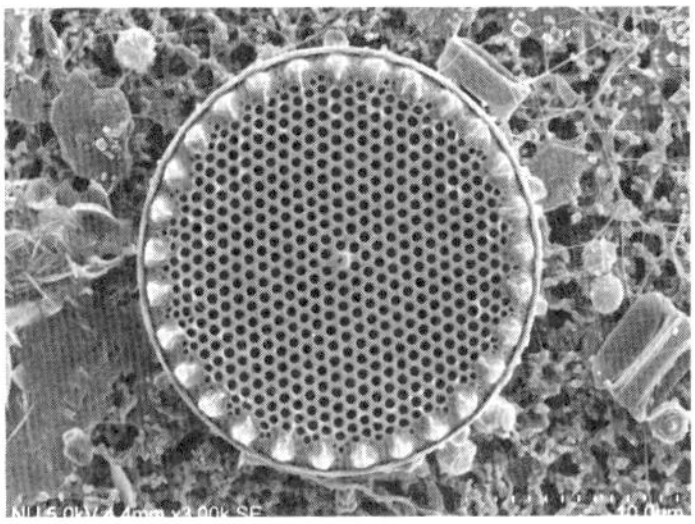

走査型電子顕微鏡で見た珪藻の一種。オホーツク海。直径約 0.025mm。
写真提供：須藤斎准教授（名古屋大学）

たとえば、約258万年前から78万年前の間は、地磁気は逆転していたことがわかっており、**松山逆磁極期**と呼ばれる。この時期にできた兵庫県の玄武洞の岩石が、逆向きに磁化されていることを発見した京都大学の松山基範《もとのり》教授の名前にちなんでいる。

ところで、地球の磁力線は、緯度によって下を向く角度（伏角《ふっかく》）が決まっている。したがって、古地磁気の向きから、その岩石が形成されたときの緯度も推定できることになる。古地磁気は、年代だけでなく、位置情報も記録しているのである。

◉放射による年代決定

岩石や地層ができた時期の新旧はわかっても、何年前にできたのかを数値で知るにはどうしているのだろうか。

数値で年代を知るには、**放射性元素**を用いる。

放射性元素は、放射線を出しながら別の元素に変わっていく（**放射壊変**）。たとえば、^{238}U（ウラン２３８）は、最終的には^{206}Pb（鉛２０６）に変わっていく。その変化は一定の割合で起こることがわかっているので、ウランと鉛の割合から経過時間を逆算できるという理屈である。

もともとの元素が放射壊変で半分に減るまでにかかる時間を**半減期**といい、ウラン２３８（^{238}U）では約45億年、炭素14（^{14}C）では約５７３０年である。どの放射性元素を用いて年代測定を行なうかは、どの程度の年代を測定するか、どんな鉱物を測定するのかによって選ぶ。

考古学などでは、^{14}C（炭素14）になじみがあるかもしれないが、数億年よりも古い年代であれば^{238}U（ウラン２３８）などが用いられることが多い。

最近、注目の鉱物はジルコンである。ジルコンは風化に強い鉱物で、多くの岩石

鉱物の年代測定をする分析装置シュリンプ

SHRIMP(Sensitive High Resolution Ion Microprode)
写真提供：国立極地研究所

に普遍的に含まれているうえに、ウランを比較的高濃度で含むので、比較的測定しやすい。

粒子サイズがせいぜい数十ミクロン程度と小さいため、以前は分析が困難であったのだが、技術の進歩によって解決され、ピンポイントでウラン鉛放射年代を高精度で測定できるようになった。

その分析装置が、高感度高分解能二次イオン質量分析計というもので、英語の略称から「SHRIMP（シュリンプ）」と呼ばれている。もちろんエビではないが、装置の形はエビに似ているともいう。

１９９２年に改良版の「SHRIMP II」が開発されてから、ジルコンの年代が次々と測定され、地球科学に革命的な進歩をもたらした。

西オーストラリアで見つかった世界最古（44億年前）の鉱物や、富山県黒部市宇奈月《うなづき》の花崗岩から見つかった日本最古（37億5千万年前）の鉱物の年代は、いずれも「シュリンプ」で測定された成果である。

火成岩の分類表

中学や高校の教科書に載っていた火成岩の分類表は、覚えるのに苦労した思い出がある人も多いに違いない。それが、実際の地球科学の現場ではあまり使われていないというと、がっかりしてしまうだろうか。

	酸性岩	中性岩	塩基性岩
SiO_2の量(%)	多い ←― 66	――――	52 ―→ 少ない
SiO_2の色指数	白っぽい ←― 10	――――	35 ―→ 黒っぽい
深成岩	花崗岩	閃緑岩《せんりょく》	はんれい岩
火山岩	流紋岩	安山岩	玄武岩

岩石を観察して分類することは、もともと博物学としての意義があったが、地質学の発展により、岩石の成因と結びつけることが本質的だという認識になってきた。一方で、野外調査中に成因がはっきりしないから名前がつけられないというのも不便だ。

そこで、野外でも使いやすい伝統的な岩石名を受け継ぎつつ、化学組成や成因に基づいた岩石名が定義し直されてきた。

分類体系の見直しは、学問の発展かもしれないが、初心者にはわかりにくく、混乱を招きやすい。岩石学に限ったことではないが、わかりやすさを優先させている教科書や博物館の展示は、正確でなくても簡潔にまとめてある。概要を理解するために上手に活用したい。

第❸章

マクロな地球科学

～テクトニクス的視点からの観察や考え方～

マクロな地球科学 01

岩石や地層の分布は“事件”を知る手がかり

▼出会いの歴史を掘り起こす

◉でき方が違う岩石の境界部は事件現場

出身地の違う人同士のカップルがいたら、いつどうやって出逢ったのか聞きたくなるものだろう。どこからやってきたのか、年齢差はあるのか——。生まれも育ちも違う人が出会えば、互いに影響し合う。人生において、出会いは事件である。

岩石も同じで、たとえば、でき方が違う**火成岩**《かせいがん》と**堆積岩**《たいせきがん》が同じ場所にあれば、どのような出会いだったのか知りたくなる。手がかりは、両者が接している所にある。

もし、もともと地層があったところに**マグマ**が後からやってきたのなら、地層は熱を受けて変成岩になったり変形したりするだろうし、マグマは急冷して粒が細かくなっていると推測される。

一方、火成岩が地表に露出してから、その上に地層ができたのであれば、どちらも地層が熱を受けた痕跡はないはずだし、地層の中にその火成岩の破片があるかもしれない。

でき方が違う岩石の境界部は事件現場。どこかに手がかりが残されているのだ。

地質構造から岩石の形成順序を推測できる

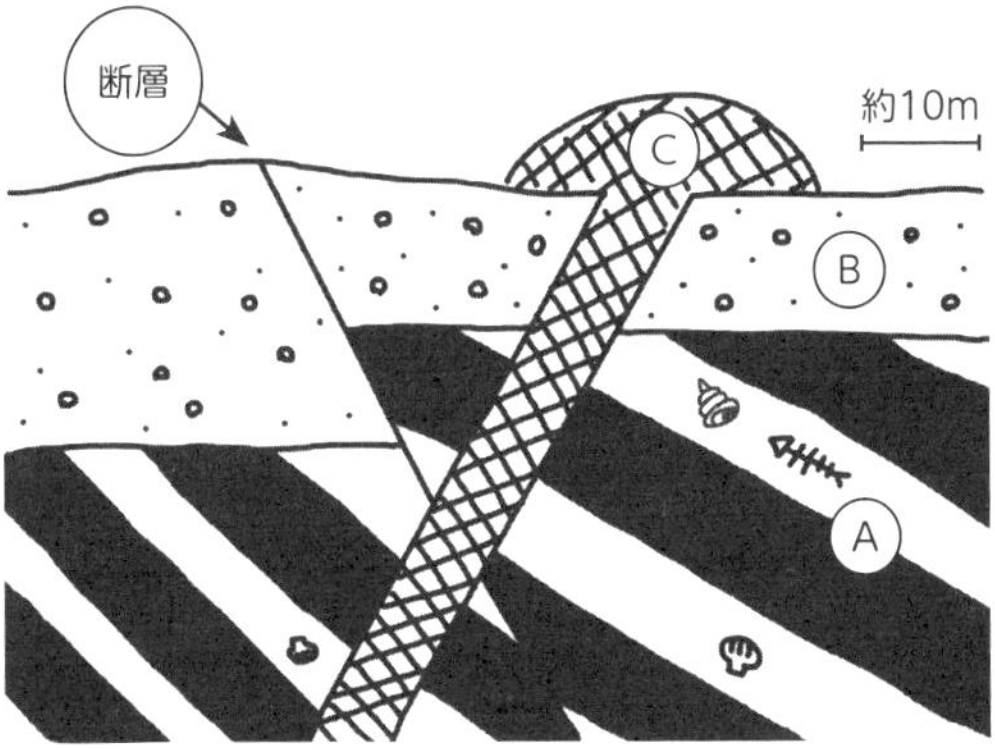

◉境界部から形成順序を推測

たとえば、ケーキの場合、ケーキ全体の構造がわかれば、どのような順序でクリームやフルーツなどを切ったり重ねたりしていったのか推測しやすい。その断面から、重ねたり切ったりした順序を推定してみるとよい。

焼く前から一緒にあったのか、焼いた後に一緒になったのか。切った後にくっつけたのか、くっつけた後に切ったのか――。その手がかりになるのは、境界部分のはずだ。

地球科学でも同じようなことをしている。大地がカットされた露頭を観察し、どのような順番にできたのか推測するのだ。全体の構造を把握できれば、それぞれの岩石ができた順番を推測しやすい。

たとえば、ある露頭で上図のような構造が見られたとする。Aには魚や巻貝の化石があるから、海底に積もった泥や砂の地層だと推定できる。

BはAの上に積もった小石を含む地層。Cは、AもBも貫いているから最後に噴出したマグマが固まった岩石だ。

一口メモ

地質図［ちしつず］ 地質図とは、地表の岩石や地層を、その種類や形成年代などで分類し、分布を断層や褶曲等の地質構造を地図上に示したものである。地質断面図も一緒に描かれていることが多く、地域の地史を理解するのに役立つ。日本では、産業技術総合研究所のウェブサイトで全国の各種地質図を閲覧できるようになっている。

断層によって地層AとBはずれているが、Cはずれていない。したがって、断層がずれたのはAとBができた後で、Cができる前ということになる。つまり形成された順序はA→B→断層→Cと考えられる。

実際には、1か所でそれぞれの関係がわかるような露頭はめったにない。広い範囲を歩きながらいくつもの露頭を調査し、地層や岩石の種類や分布範囲などを把握することで形成順序を推測することになる。

その地質調査の結果を地形図上にまとめたのが**地質図**だ。地質図を見れば地質構造全体を俯瞰《ふかん》できる。

しかし、地球は大きい。地球の歴史は、世界中の地質構造を調べなければ探れない。地球をカットするわけにはいかないから、内部を直接観察することなく推測することも必要だ。

◉複雑すぎる日本列島の地質

日本は森林におおわれた土地が多く、露頭が限られていることから、地質調査が難しいのであるが、産業技術総合研究所地質情報総合センターの前身にあたる通産省（現・経済産業省）地質調査所が、1882（明治15）年の設立以来、精力的に地質調査を行ない、多くの地質図を作成した。

おかげで、日本の地質はくわしく調査されたが、同時に、調べれば調べるほど複

西南日本の地質構造

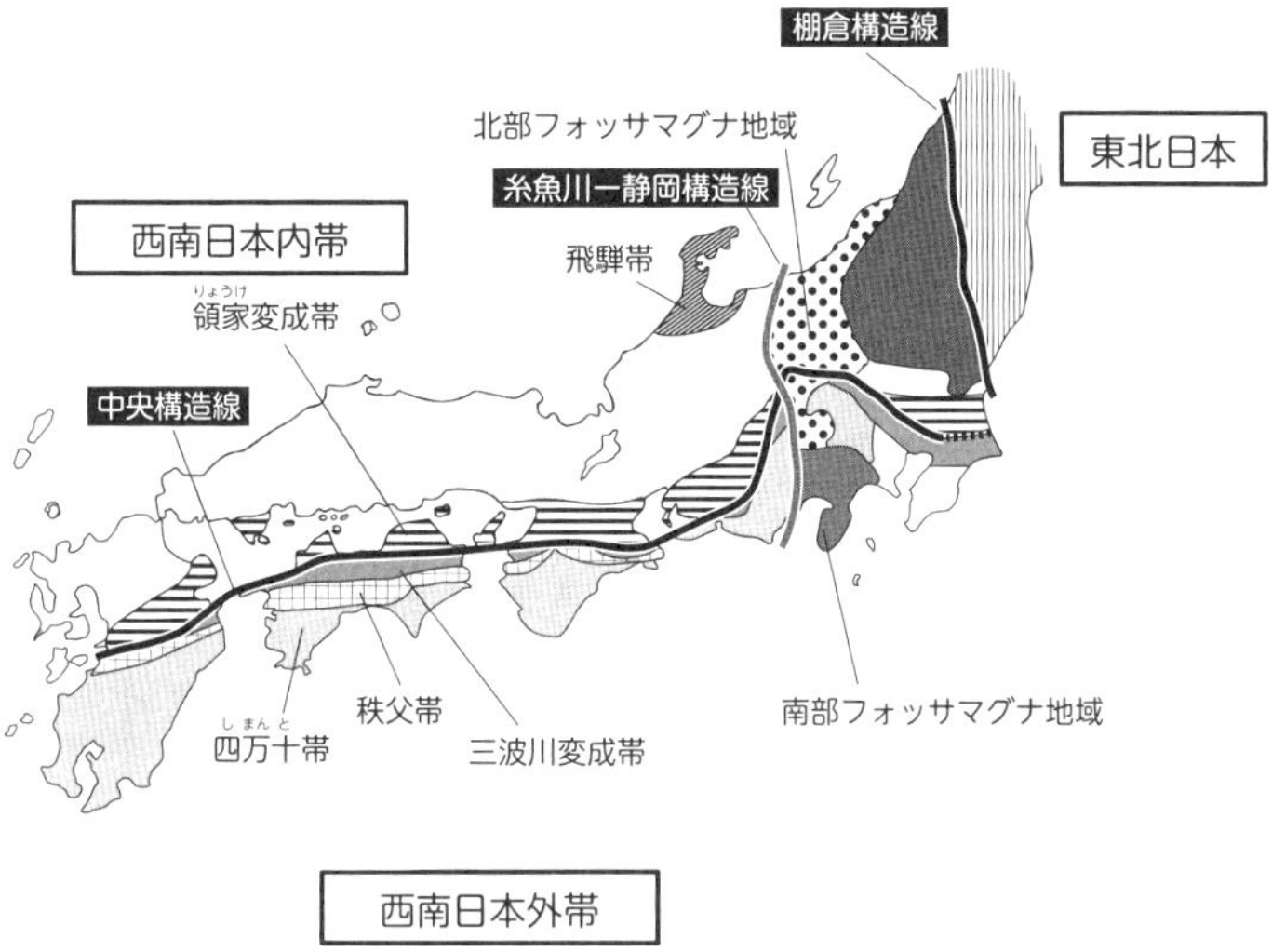

雑であることがわかった。火成岩、堆積岩、変成岩が複雑に入り組んで分布しているうえに、断層も多い。どのような構造をしているのか把握することさえ難しい。

それでも、同じ時代にできた地質をまとめてみると、**帯状配列**していることがわかってきた（上図参照）。しかも、太平洋側に向かって新しい時代の地層となっている。そして、ところどころに火成岩が入り込んでいる（＝貫入《かんにゅう》）のだ。四国の地質が一番わかりやすいだろう。

日本のこうした複雑な地質構造は、地質学発祥の地イギリスなどとはずいぶん異なり、当時、解釈することは難しかった。それが、地道な地質調査の積み重ねと新しい理論によって、地球科学発展の舞台となっていくことになる（第5章参照）。

断層と褶曲《しゅうきょく》はストレスを知る手がかり

▼地層の変形

◉割れたり曲がったりするのはストレスのせい

カットしたときに複雑な模様が見えるロールケーキなどは、素材を切ったり曲げたりしている。どのような手順でつくったのか、知りたくなる。

地質構造が複雑になっているのも、地層が大規模に割れてずれていたり、曲がっていたりするためである。それが**断層**や**褶曲**《しゅうきょく》であり、どのような順序でつくられたのかがわかれば、大地の履歴を読み解くことができる。

そのためには、地層や岩石が、どんな条件のときにバキッと割れて、グニャリと曲がるのか理解しておく必要があるわけだ。

岩石などが変形したり割れたりするのは、ストレスのせいである。ストレスとは日本語で「**応力**」。物体に外力がかかったときに、それに応じて、耐えて押しつぶされまいとする物体内部に生じる力のことだ。

ストレス（応力）がかかることで歪《ひず》みが溜まり、その結果として、曲がったり、割れたりする。大地にはストレスがいっぱいなのだ。

円筒状の岩石を圧縮したときに生じる割れ目

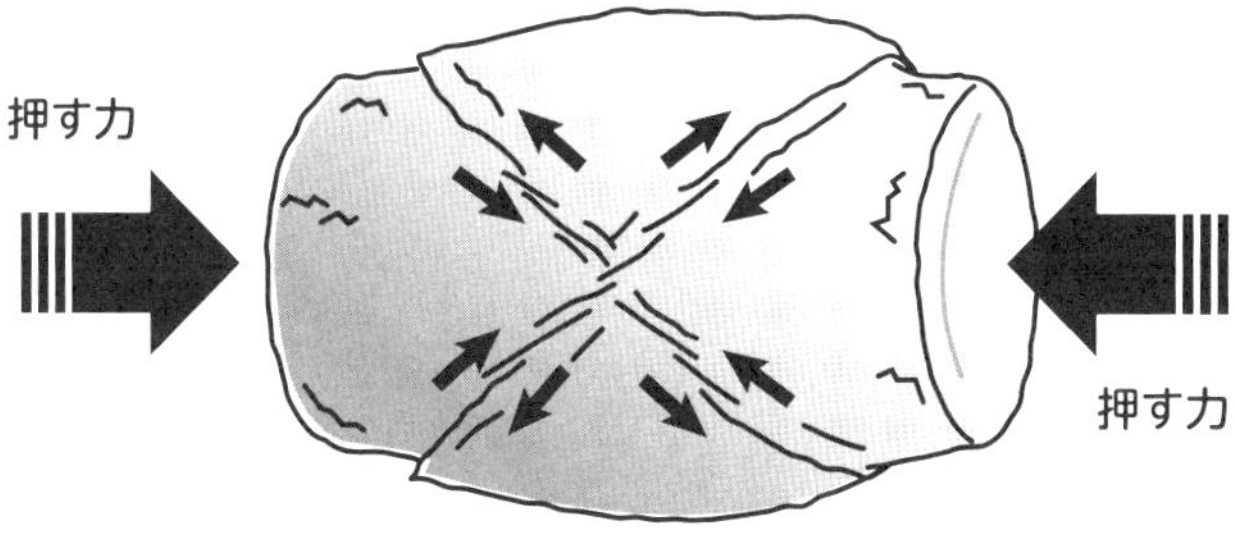

◉斜めにずれる

普通、岩石に力を加えれば割れる。均一な岩石をハンマーでたたけば、たいていたたいた方向に割れるだろう。

だが、それは地上での話であり、地下深くでは、様子が違ってくる。地圧で押されているからだ。

地下数kmと同じくらいの地圧がかかる条件で岩石を圧縮する実験をすると、斜めに割れることがわかっている。上図のように，力をかけた方向に対して斜めの方向にずれてしまうのだ。

斜めに割れるというのは意外に思うかもしれないが、本をギュッと圧縮していくことを想像してみてほしい。縦に圧縮しようとすれば、本はパカッと開いてしまうが、横に圧縮しようとすれば紙と紙の間がつぶれるだけだ。ところが、斜め方向だとズルッとすべりやすい。

目には見えないけれども岩石は傷だらけなので、大きなストレスが生じると細かい傷のどれかが滑ってしまう。いわば、圧縮方向に対して斜めに方向を向いた傷が広がってしまうわけだ。

大きな岩盤でも同じで、いつも同じ方向にぎゅうぎゅう押されて

断層のタイプ

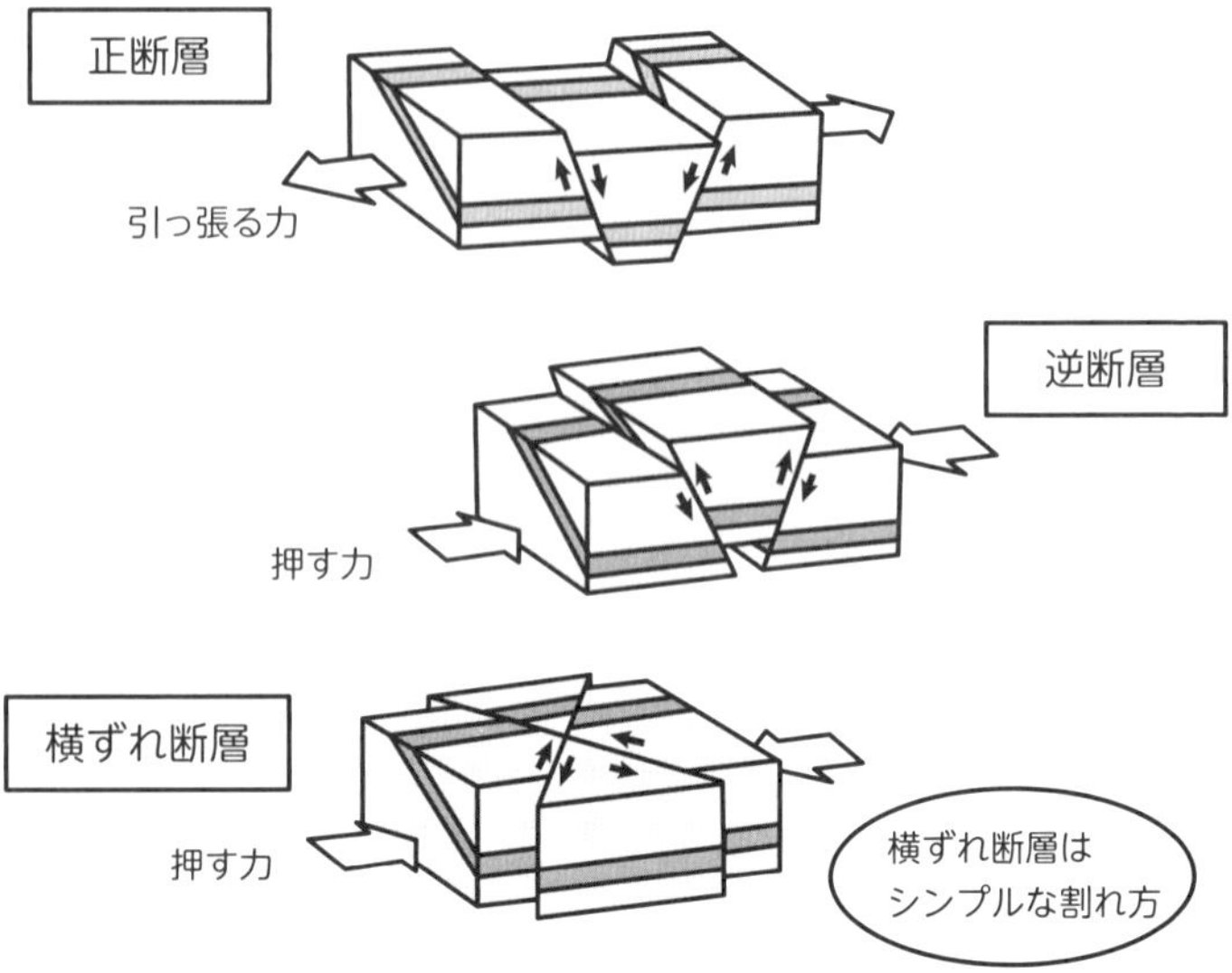

いると、しばらくはもちこたえているのだが、耐えきれなくなって破壊する。その際、圧縮方向ではなく斜め方向にずれてしまう。それが「断層」だ。

◉断層でわかるストレスの向き

断層は、ずれた方向によって**正断層**、**逆断層**、**横ずれ断層**に分類されている。断層面の上側（上盤）が下がっている場合が正断層、上がっている場合が逆断層である。また、横ずれ断層のうち、断層の反対側が左にずれている場合は**左ずれ断層**、右にずれている場合は**右ずれ断層**と呼ぶ。

ずれの向きの違いは、強いストレス（応力）を受けた方向の違いだ。水平方向に引っ張られていると正断層が、圧縮されていると逆断層や横ずれ断層ができる（上図参照）。

逆にいえば、断層の向きから、どの向きに力

一口メモ

塑性変形［そせいへんけい］ 粘土の塊は、力を加えて自由な形に変えることができる。このように、力を抜いても元の姿に戻らず、変形したままになることを「塑性変形」という。褶曲《しゅうきょく》は地層が塑性変形したものである。

が加わっていたのかがわかる。たとえば、逆断層ばかりあるような場所は、長きにわたって、ぎゅうぎゅう圧縮されてきたと考えられる。断層は、大地に刻まれたストレスの記録なのである。

◉長時間のストレスで曲がる

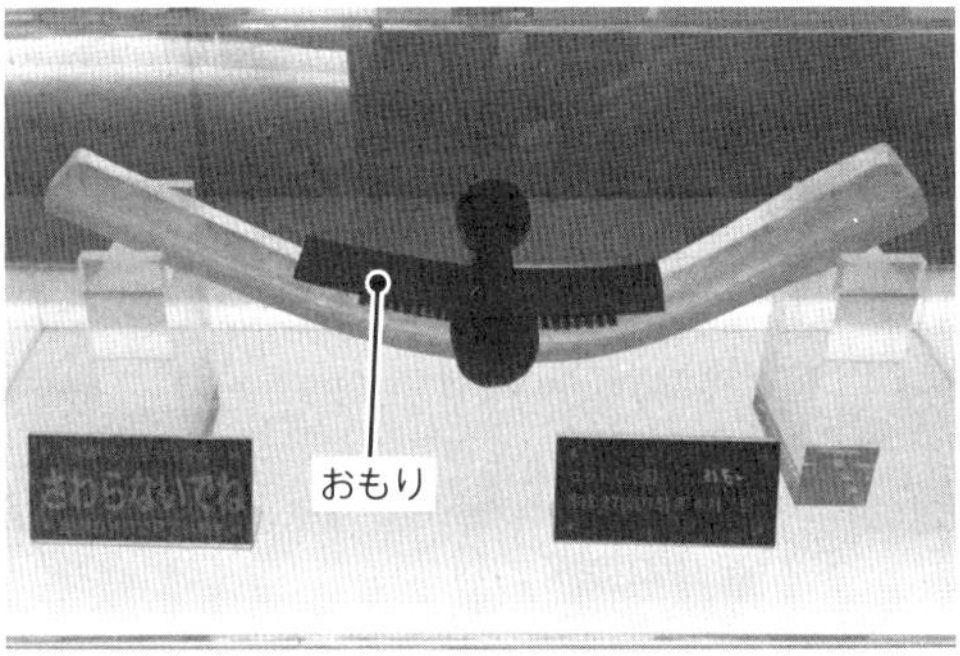

氷の板におもりを乗せて８か月経った状態
（名古屋市科学館「極寒ラボ」内の展示。著者・西本撮影）

「飴《あめ》のように曲がる」というが、飴をたたけば割れる。同じ物質でも、条件次第で、割れることもあれば曲がることもある。

　氷もたたけば割れる固体であるが、上におもりを置いておくと、徐々に曲がっていく（写真参照）。

　この実験を見れば、固体であっても、長時間ずっと同じ方向に力が加えられ続けると、粘土のように変形することがわかる。おもりを取り去っても、もとの形には戻らない。

　実際、氷河では固体の氷がゆっくりと流れているし、道路のアスファルトがいつの

褶曲した地層

アメリカ／カリフォルニア州
著者・西本撮影

まにか変形しているというのを見たことがあるだろう。

岩石も同じである。長時間ずっと同じ方向に力が加えられ続けると、曲がってしまう。

実際に、ぐにゃぐにゃに曲がったとしか思えない構造の岩石はよく見られる。

とくに、地下深くなると高温になるうえに四方八方からもぎゅうぎゅう押されるので、割れにくく、流動しやすくなるのだ。

地層が波状に曲げられる状態を褶曲《しゅうきょく》という。いわば、地層のしわだ。水平に溜《た》まった地層であっても、ストレスによって曲がってしまう。言い換えれば、褶曲は、地層や岩石も曲がってしまう証拠である。

岩石は硬いというイメージが強いが、長い時間ストレスを受ければ曲がってしまう。割れるのは短時間だが、曲がるのには長い時間がかかるのだ。

マクロな地球科学 03

断層が動けば大地が揺れる

▼災害をもたらす地震

◉断層は地震を知る手がかり

日本は、たびたび震災に見舞われてきた。**東日本大震災**（2011年）や**阪神・淡路大震災**（1994年）は記憶に新しいし、**関東大震災**（1923年）も誰もが知っている出来事だろう。

気をつけてほしいのは、「震災＝地震」ではないことである。震災とは、あくまで地震によって生じた災害のことを指す。東日本大震災を引き起こしたのは**東北地方太平洋沖地震**、阪神・淡路大震災の場合は**兵庫県南部地震**である。したがって、小さな地震であっても、人口密集地で起これぱパニックなどで大震災にもなるし、大地震であっても、誰も住んでいなければ震災などないということになる。

地震とは、断層運動で起こる振動である。岩盤がぎゅうぎゅう押されていると、いつか耐えきれなくなってバキッと割れる。そのときに起こる揺れが地震なのだ。

つまり、地下で起こる岩盤の破壊現象による揺れということもできる。地震を調べるということは、地球で起こっている岩盤破壊事件を探ることなのだ。

一口メモ

人的被害［じんてきひがい］ 震災における人的被害の主な原因は震災ごとに違っている。東日本大震災では津波による被害が甚大だった。阪神・淡路大震災では建物倒壊によって圧死した人が多かった。関東大震災では火災による死者が多かった。地震の起こった場所や時間、揺れ方、二次的に起こる事象などによって、どんな災害となるかはかなり違ってくる。

◉地震の規模

地震が発生すると、必ず伝えられる**震度**と**マグニチュード**は、混同されることがあるので確認しておこう。その地点がどれだけ揺れたかを表わすのが震度である。一方、地震の規模を表わすのがマグニチュードであり、地震が発するエネルギーの指標である。

両者の関係は、スピーカーの出力と聞こえる音の大きさにたとえられる。同じ出力でも、スピーカーの近くならうるさいほどだろうし、離れれば聞こえにくくなる。地震の場合、同じマグニチュードでも、震源から離れるほど震度は小さくなる。感じ方は発生源からの距離次第ということだ。

ところで、地震のマグニチュードは1つだけはない。**地震学**が発展する過程では、地震の規模をどのように表わしたらよいかが課題だった。自然に発生する地震のエネルギーを正確に迅速に見積もるのは難しく、スピーカーのように出力レベルを見るわけにはいかないからだ。

そこで、震源から一定距離にある地震計の振幅で表わすことにした。ところが、その計算方法がいくつか考案されて、複数のマグニチュードができてしまったわけである。

日本では、独自の**気象庁マグニチュード（Mj）**が用いられており、速報性が高

一口メモ

マグニチュード　地震の規模を数値で表わすため、1935年、アメリカの地震学者 チャールズ・F・リヒターが考案した。マグニチュードは、地震のエネルギーと対数関係にあり、マグニチュードが1大きくなるとエネルギーは31.6倍、2増えると1000倍になる。対数なので、0やマイナスの値もある。

日本列島を取り巻くプレートと主な活断層

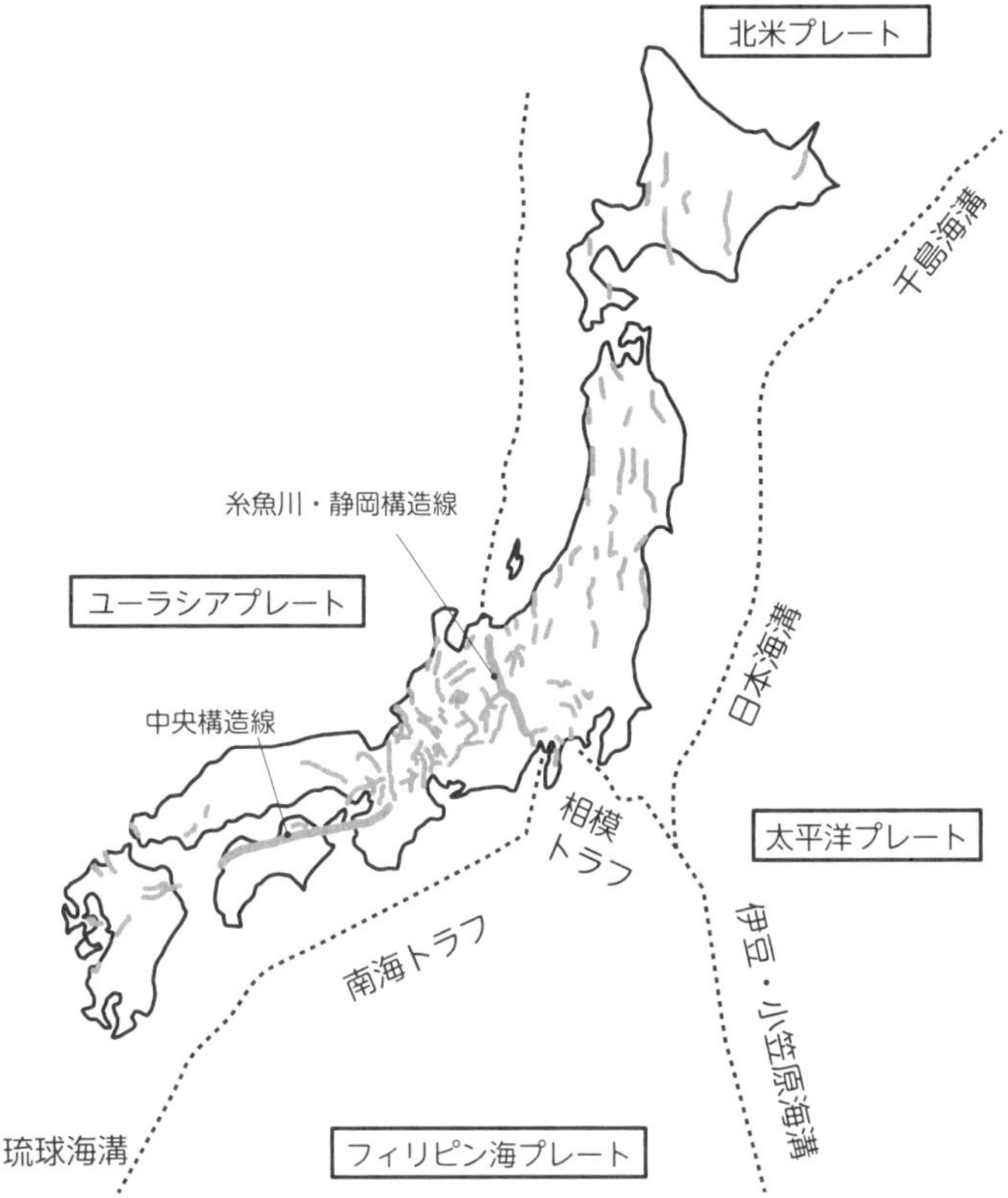

断層のなかでも新生代第四紀に繰り返し動いた痕跡のあるものを活断層という。内陸型地震（91ページ参照）を引き起こした穴地の“傷”といえる。

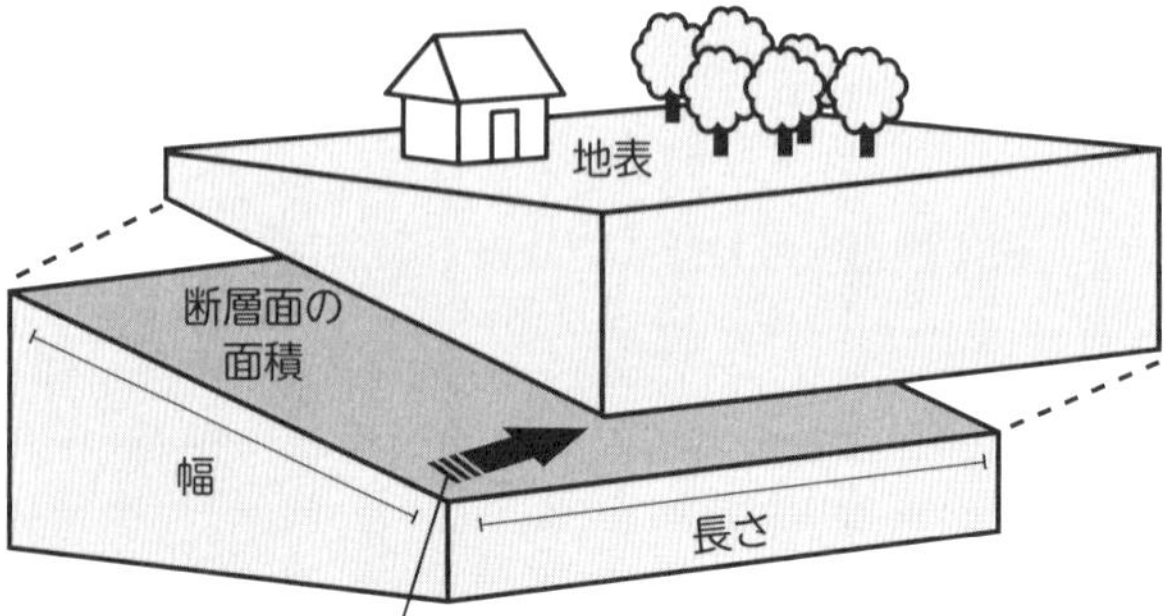
モーメントマグニチュード（Mw）は
「断層の面積」と「ずれた長さ」で表わせる
断層面のずれ動く長さ

く、過去のデータと比較するのに便利である。
ただし、海外での情報と比較するときは注意が必要だ。

◉地震の規模は断層がずれた規模

気象庁マグニチュードなど、地震計の振幅から計算する従来のマグニチュードでは、地震規模が大きくなるにつれて数値が頭打ちになる傾向（マグニチュードの飽和）があった。このため、巨大地震の規模を正確に表わせないことが指摘されていたのだ。

実際に、東北地方太平洋沖地震の際、気象庁マグニチュード（Mj）は8・4とされていたが、実態に合わないということになって、途中から**モーメント・マグニチュード**（**Mw**）で9・0と発表されることとなった。

じつは、地球科学では、モーメント・マグニチュードが使われることが多い。地震のエネルギーというのは**断層運動**（岩盤の破壊）によって放出されるのだから、断層運動の規模に基づいて、ずれた断層面の面積とずれた距離で表わすほうが意味がある（上図参照）。

一口メモ

活断層［かつだんそう］ 断層のうち、地質学的に新しい時代（新生代第四紀）に繰り返しずれたあとがあり、今後も動く可能性があるもの。富山県から岐阜県にかけての跡津川《あとつがわ》断層と岐阜県の阿寺《あてら》断層は全長約70km、関東から九州にかけて、西南日本を縦断する中央構造線は長さが1000kmにも及ぶ（87ページ参照）。

たとえば、東北地方太平洋沖地震では、510km×210kmの面積が最大48m（平均12m）ずれた断層の規模だと表現できるのだ。とてつもない大きさの岩盤が動いて揺れた地震だったということがわかる（「はじめに」参照）。

モーメント・マグニチュードは、地震の規模を断層運動（岩盤の破壊）と結びつけているので、科学的な解釈がしやすい。また、世界共通なので、海外で起こった地震との比較がしやすいという利点がある。

しかし、解析に手間がかかるため、速報には向かない。過去の地震をすべて解析し直すわけにもいかない。このため、防災上、気象庁マグニチュードとモーメント・マグニチュードを併用しているのである。

マクロな地球科学 04

ゆっくりと横に動く大地

▼プレート運動

◉ストレスの原因はプレートの動き

地震を引き起こしているのが**断層運動**で、断層運動を引き起こしているのは大地にかかる**ストレス**（**応力**）である。ストレスの原因はプレート運動だ。結局のところ、プレート運動が地震を引き起こしているのである。

日本列島付近では、**海洋プレート**が**大陸プレート**の下に沈み込んでいることを聞いたことがある人も多いだろう。

地球の表面は、厚さ100㎞ほどの何枚かの硬い岩盤の板「プレート」でおおわれており（次ページ上図）、それぞれのプレートは別々に動いている。

日本列島は大陸プレートの線に位置しており、海洋プレートがはさみ込んでいる。沈み込む海洋プレートによって大陸プレートの端は引きずり込まれる。やがて、もとの位置に戻ろうとして跳ね上がる。そのとき発生するのが**海溝型地震**である（下図・右）。

一方、プレート境界から離れたところでは、圧縮力がかかり、プレート内部が割

地球上のプレートとその動き

海洋型地震と内陸型地震

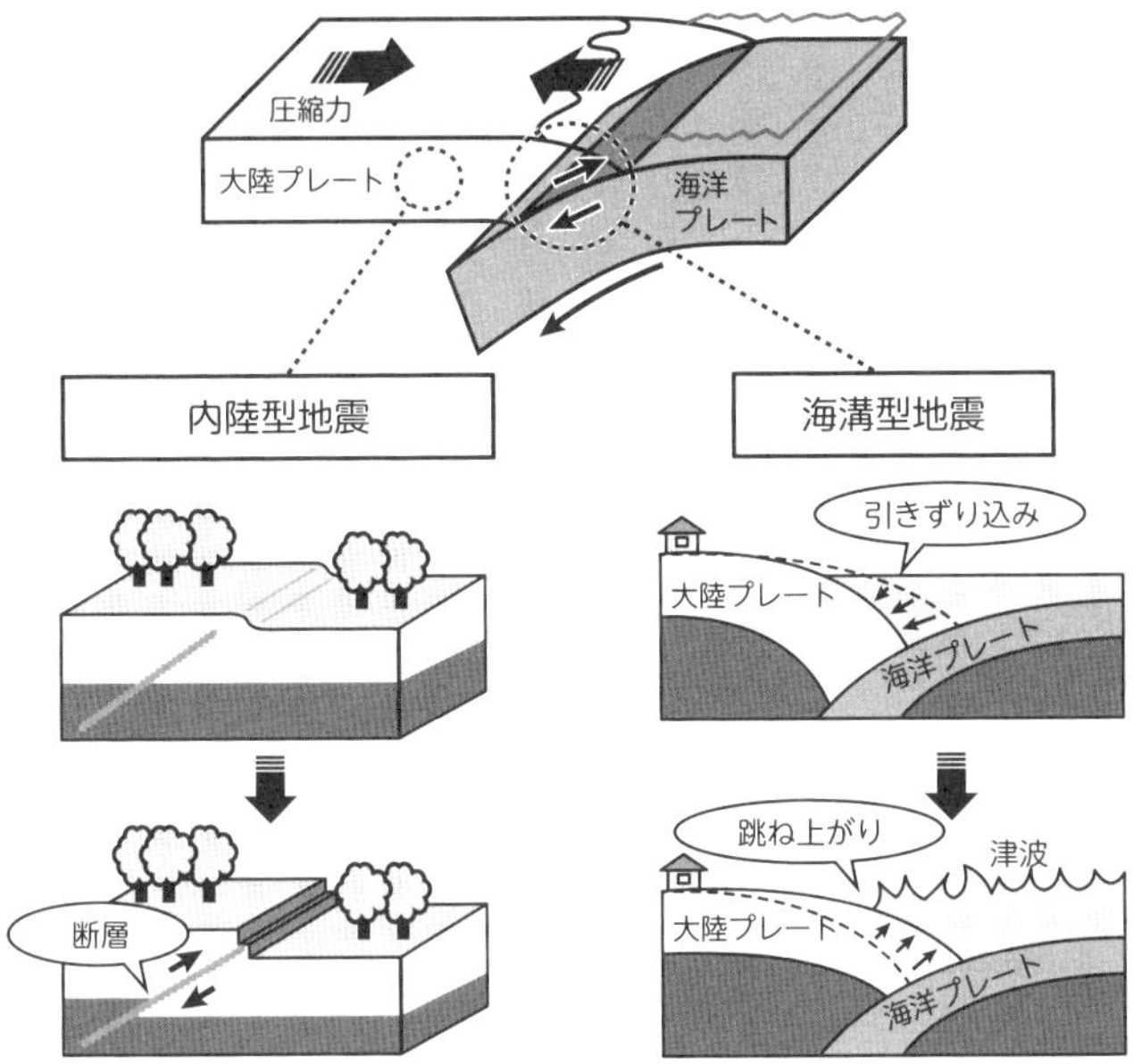

3タイプのプレート境界

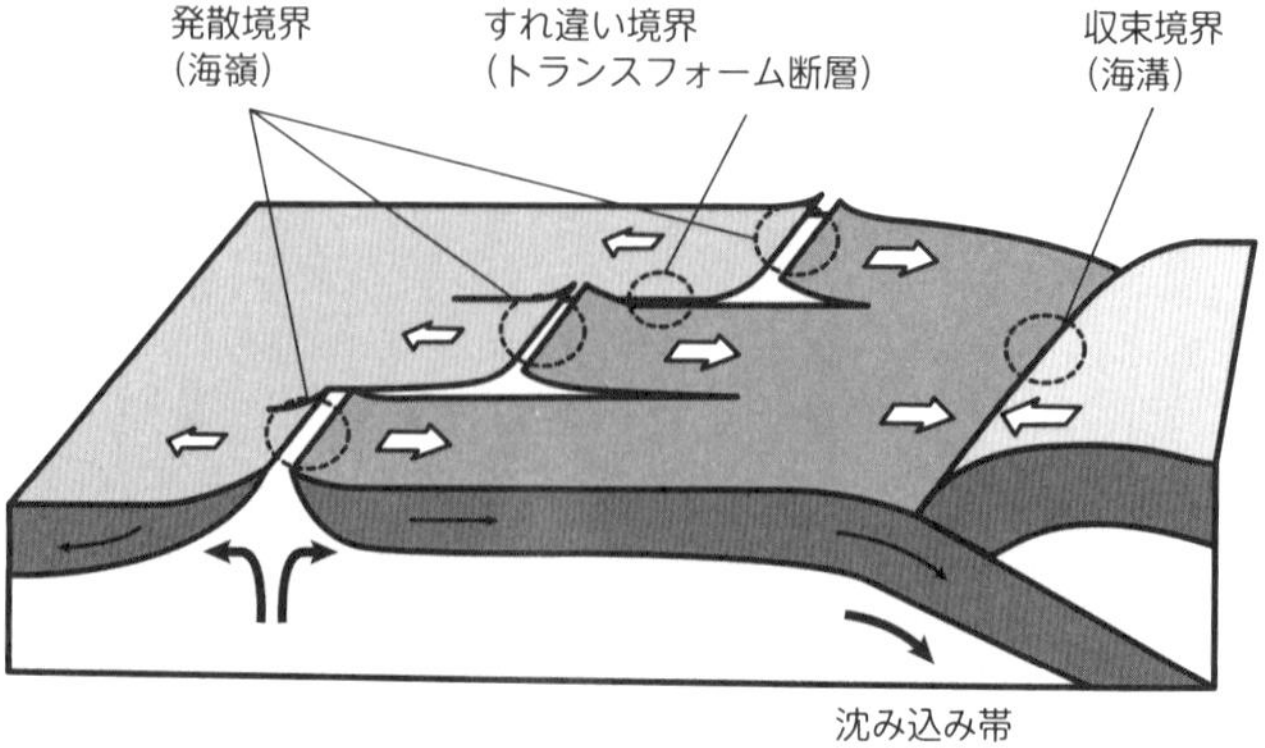

れて断層ができる。そのとき発生するのが**内陸型地震**（前ページ下図・左）である。

◉プレート境界は3タイプある

プレート境界は、日本列島のように一方が他方の下に沈み込んでいるばかりではない。3タイプ（発散、収束、すれ違い）のプレート境界がある（上図）。

発散境界では、プレートが生まれて両側に広がっている。プレート同士が離れてできた隙間を埋めるように、地下深部からマグマが湧き出して新しいプレートがつくられているのだ。横に引っ張られる力がかかっている場（**引張《ひっぱり》応力場**）なので、**正断層**ができやすい。海洋底にある山脈「海嶺《かいれい》」がこれにあたる。

収束境界では、プレート同士がぶつかり合っている。海洋のプレートが大陸プレートの下に沈み込む場合は**沈み込み帯**と呼ばれる。海洋プレートの沈み込みのところに深い溝のような地形、すなわち海溝ができる。日本列島は典型的な沈み込み帯だ。

大陸プレート同士がもろにぶつかり合う場合は**衝突帯**と呼ばれる。衝突地点では、横方向につぶれながら上に盛り上がって山脈ができる。代表的なのはヒマラヤ山脈だ。収束境界では、プレート同士の押し合いによって、圧縮力がかかっている場（**圧縮応力場**）となっているので、逆断層や横ずれ断層が生じやすい（82ページ参照）。

すれ違い境界では、プレート同士が横ずれしており、摩擦で歪《ひず》みが溜まりやすい。トランスフォーム断層とも呼ばれ、地上で見られる例として、北米西海岸のサンアンドレアス断層が有名である。

つまり、プレート境界では、力（ストレス）がかかって歪みが溜まりやすいために地震などの現象が起こりやすいわけである。

このように、地殻変動をプレート運動によって統一的に説明しようとする理論を**プレートテクトニクス**といい、いまや地球科学の根幹をなしている。

プレートテクトニクスの誕生と発展

▼プレートテクトニクス理論

◉プレートテクトニクスの誕生と発展

プレートテクトニクスの理論が生まれるきっかけとなったのは、1912年に**アルフレッド・ウェゲナー**（1880－1930）が提唱した**大陸移動説**である。

彼は、大西洋をはさんだ南北アメリカ両大陸とヨーロッパ・アフリカ両大陸の海岸線の形が似ていることに気づき、かつて大陸は1つだったと考えた。そして、その大陸を**パンゲア**と呼んだ。

だが、海岸線の形が似ているという根拠だけで、大陸が移動したなどという主張が信じてもらえるはずもなかった。そこで、ほかの根拠として挙げたのは、先人たちが露頭観察を積み重ねてまとめていた地質構造や岩石・化石の分布であった。まるでホールケーキを切って離したかのように、大西洋を隔てた両岸の地質構造までもがぴたりと合うということを示した。

たとえば、化石の分布である。古生代ペルム紀のメソサウルスや裸子植物グロッソプテリス、中生代三畳紀前期の原始的な単弓《たんきゅう》類（哺乳類の祖先にあたる四肢動

プレートテクトニクスの証拠となる化石の分布

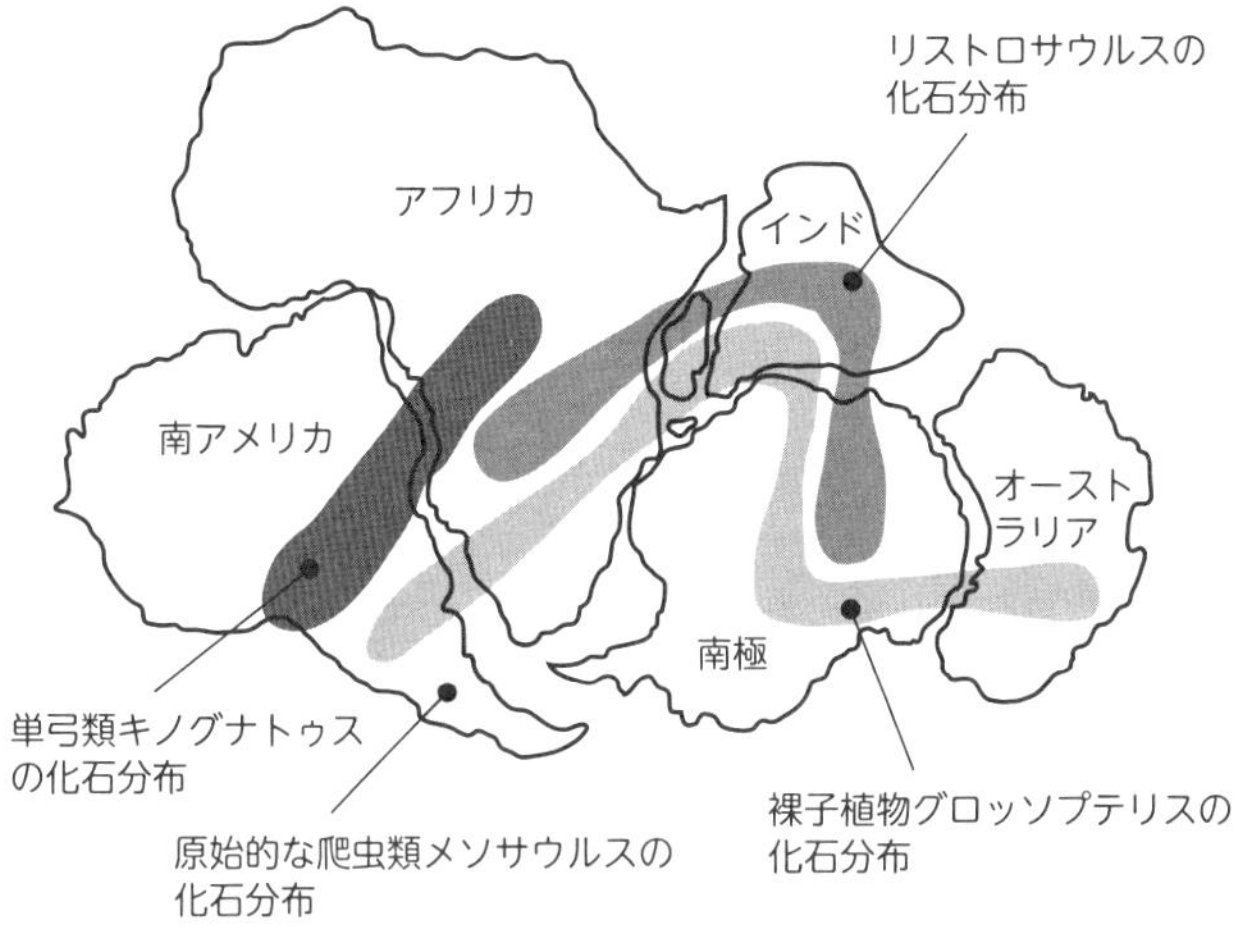

物のグループ）キノグナトゥスやリストロサウルスの分布域は、見事につながる（上図参照）。つまり、中生代のはじめまでは、これらの大陸は陸続きであり、次第に分離・移動して、現在の大陸の分布になったと考えられるわけだ。

しかし、ウェゲナーは、大陸移動の原動力を示すことができず、大陸移動説は忘れかけられていた。

その後、第二次世界大戦から冷戦にかけての時代に、潜水艦の安全航行等の軍事上の目的から、海底地形が盛んに調べられた。おかげで、いわば海底山脈である海嶺《かいれい》や海底のくぼみである**海溝**といった海底の姿がわかってきた。

それとともに、海底堆積物や岩石について**古地磁気**《こちじき》（第2章参照）の研究が進んだ。海底の古地磁気の方向を色分けするとしま模様になり、中央海嶺の両側で対称であることがわかった。中央海嶺で新しくできた海洋底が、両側へ拡大した証拠となった。**海洋底拡大説**である。

いまでは、移動しているのは地下約100㎞まで続く

一口メモ

超長基線電波干渉法［ちょうちょうきせんでんぱかんしょうほう／VLBI：Very Long Baseline Interferometry］ はるか数十億光年の彼方にある天体「クエーサー」からの電波を、数千 km 離れた複数のアンテナで同時に受信し、その到達時刻の差を精密に計測することで、アンテナ間の距離を、わずか数 mm の誤差で測量する技術。

「プレート」だと考えられている。プレートが移動するので、上にある海も島も大陸も一緒に移動するのである。「プレートテクトニクス」は、大陸移動説と海洋底拡大説を総括したものといえる。地震と火山活動などの成因をうまく説明できることから、１９６０年代終わりから広まり、日本では１９８０年代になってから広く受け入れられるようになった。

◉プレートが動くスピード

プレートはどのくらいの速さで動いているのだろうか。

中央海嶺でプレートがつくられて移動しているなら、中央海嶺から離れるほど海洋底の年代は古くなるはずである。

このことを確かめるために、南大西洋の海底10地点でボーリングが行なわれ、海洋底に積もっていた堆積物中の微化石（浮遊性有孔虫《ふゆうせいゆうこうちゅう》）によって、各地点の海底ができた年代が調べられた。

その結果、中央海嶺の軸から２００kmの地点が約１０００万年前で、同じく中央海嶺の軸から80kmの地点が約４０００万年前であることがわかった。

つまり、約６００kmの離れた地点間の年代差は約３０００万年あり、毎年約２cmで移動してきたと証明されたのである。

今日では、地球上の２点間距離を正確に測定できるようになっているので、毎年どのくらい距離が変化しているか調べることができる。

現在、ハワイは日本に向かって年6・5㎝ほどの速さで近づいてきていることがわかっている。

このスピードのままなら、1億年で6500㎞となり、日本に到達してしまう計算である。ちょうど爪が伸びるくらいの速さだから、じっと見ていても伸びているようには感じられないが、気がつくと伸びている。

プレート運動が引き起こす現象は、人間にとっては非常にゆっくりとしたものである。しかし、百万億年単位という途方もなく長い時間をかけて、途方もなく大きな現象を引き起こす。空間的にも、時間的にもスケールが大きいのだ。

地震波で調べる地球の中身

▼地球内部構造

◉地震波を解析することで地球内部の様子が推定できる

スイカを手でトントンとたたいて音で、中身を推定しようとすることがあるが、じつは地球の中身も同じようにして調べられている。

地球の中身がどのようになっているのか調べるには**地震波《は》**を用いる。

地震波とは、地震が起きたときに伝わる揺れのこと。大きな地震であれば、地球の裏側にまで伝わってくる。その伝わる速さは、地震波が通ってきた物質の密度や固さ（剛性率《ごうせいりつ》）で決まる。

地震波には、**P波**と**S波**の2種類がある。P波は、進行方向と同じ方向に振動する**縦波**。一方、S波は進行方向と直角方向に振動する**横波**である。

P波は液体・固体を問わず伝わるが、S波は固体の中しか伝わらない。S波が伝わらなければ液体だとわかるのだ。こうした地震波の特性を利用することで、見えない地球の中身が推定できるというわけである。

地球内部が、**地殻**、**マントル**、**核**（**外核と内核**）に分かれていることがわかった

地球の内部構造と地震波の速度

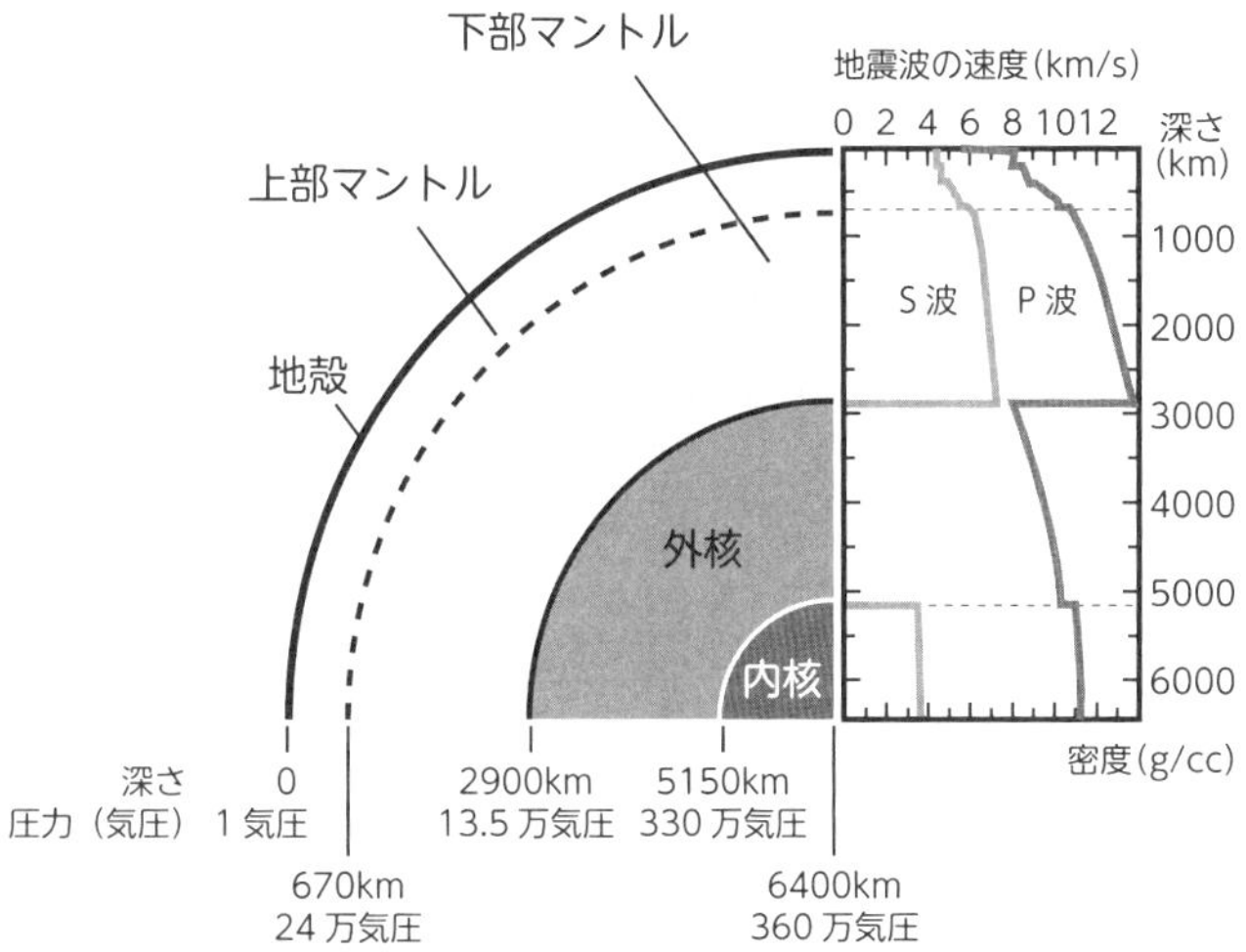

のも、地震波の解析によるものだ（上図および101ページ上図参照）。

このような物理学的手法を用いて、手の届かない場所にある地球の中身を解き明かそうとするのが地球物理学である。

◉不連続な面

地球内部には、地震波の速さが急に変わる不連続面がいくつかある。それらの面を境界にして、地殻、マントル、核（外核、内核）と分けられる。

地殻とマントルの境界は、地震波速度が秒速6〜7㎞くらいに急増する不連続面である。発見したクロアチアの地震学者の名前をとって、**モホロビチッチ不連続面**（**モホ面**）と呼ばれる。

大陸の下では深いところ（平均35㎞程度）、海洋では浅い（海底から5〜7㎞程度）ところにあることから、大陸地殻は分厚くて、海洋地殻は薄いと推定されている。

一口メモ

レーマン不連続面［レーマンふれんぞくめん］ 大地震の際に世界中で地震波を観測すると、Ｐ波もＳ波も観測されないシャドーゾーンが現われる。くわしく調べるうちに、シャドーゾーンの中にも弱いＰ波が観測されることがわかり、この不連続面で折れ曲がって到達したと考えられた。最近では内内核が存在する可能性があるという説もある。

マントルと外核の境界は、深さは２９００㎞付近にある。Ｐ波の伝わる速さが遅くなり、Ｓ波が伝わらなくなる不連続面であり、そこより下が液体であると考えられる。発見したアメリカの地震学者の名前をとって、**グーテンベルク不連続面**と呼ばれる。

外核と内核の境界は、深さ５１５０㎞付近にある。固体があると推測される面であり、発見したデンマークの地震学者の名前をとって、**レーマン不連続面**と呼ばれる。不連続なのだから、その上下で物質がまったく違うと考えられる。地殻、マントル、核はだんだん変化しているのではなく、はっきり分かれた層構造なのだ。

◉一様でないマントル

地震波の研究から、ひとくちにマントルといっても一様ではないことがわかっている。

深さ約１００～２００㎞のマントル内では、地震波速度が遅くなる。地震波は柔らかいほど遅くなるから、低速度層の部分は比較的柔らかくて流動しやすいということだ。つまり、固い部分の間に柔らかい部分がはさまっている。クッキーの間にクリームがはさまっているような状態ゆえに、クッキーはずれやすい。

流動しやすさという視点から地下構造を分ける場合、表面の固い部分を**リソスフエア**（**岩石圏**）、柔らかくて流れやすい部分を**アセノスフェア**（**岩流圏**）、その下にある固い部分を**メソスフェア**と呼ぶ。リソスフェアには、地殻とマントル上部の一部までが含まれることになる。

リソスフェアが割れたそれぞれがプレートである。プレート（リソスフェア）は、柔らかいアセノスフェアの上に乗っかっているので、横に動いてしまうというわけである。

プレート運動という水平移動を生み出しているのは、このような地球内部構造のせいなのである。

地球内部を伝わる地震波の経路とシャドーゾーン

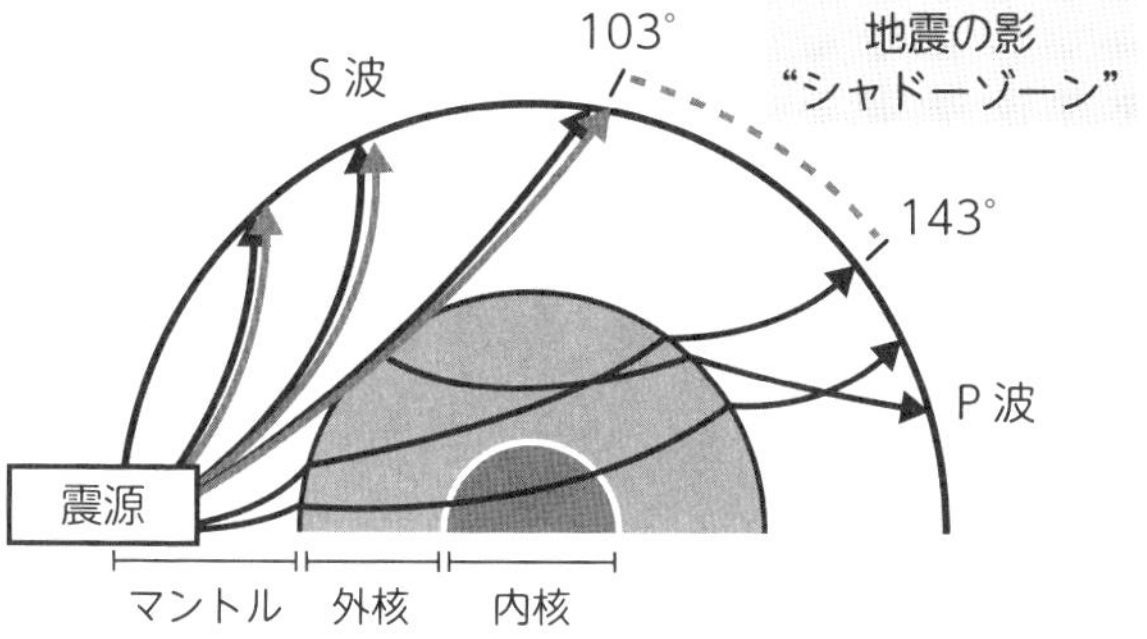

地球内部の区分

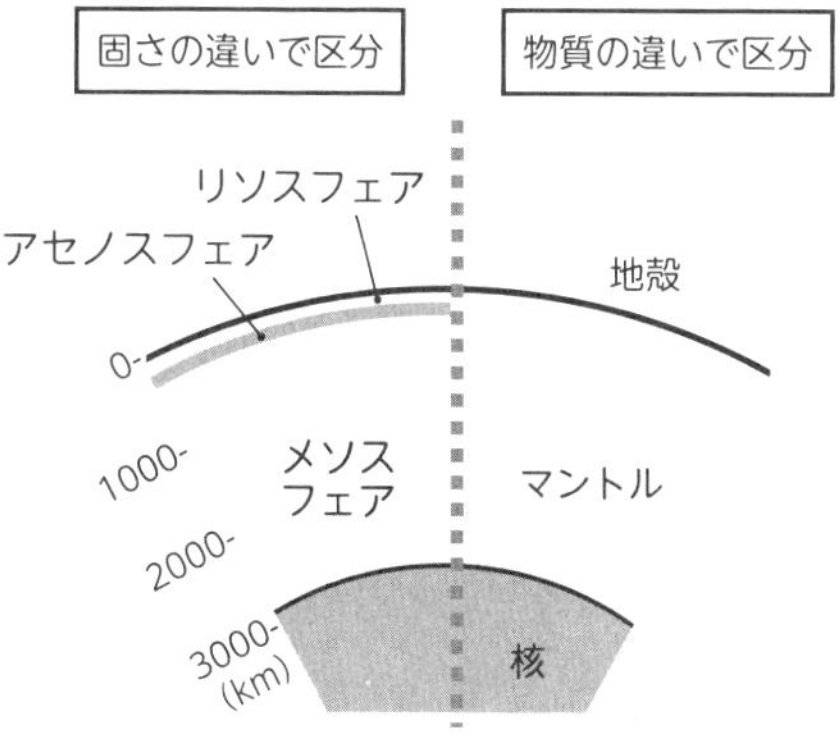

マクロな地球科学 07

地球内部のマントルが対流するから大陸は動く

▼マントル対流

◉マントルプルーム

ラバランプというインテリアがある。下からランプで温めると色のついた液体がふわふわしながら上下にゆっくり動く。下で温められた液体は軽くなって上昇するが、上のほうで冷やされると塊が落ちるように下降してくる。それが底に到達したときに反動で昇流が起こる。

対流といえば、お湯を沸かすときに生じる流れを連想するだろう。水を温めると、水は軽くなって上昇し、冷たい水は下降してくる。その様子は、茶葉が入っているとよくわかる。

ラバランプ

だが、ラバランプで見られる対流というのは、そのような一様な流れではない。冷却されてわずかに重くなった液体が大きな塊になってから落ちていき、温められてわずかに軽くなった液体が、大きな塊になって上昇していくといった〝間欠的

加熱したビーカーの中で起こる対流

な動き〟をする。

地球内部のマントル内でも、ラバランプのように間欠的な動きが起こっていると考えられている。このような、上昇流を**ホットプルーム**、下降流を**コールドプルーム**と呼ぶ。

プルームとは、もともと羽毛のことで、もくもく立ち昇る煙や雲を表わす語である。固体であるマントルが流動するというのはピンとこないかもしれない。しかし、数千年や数万年という長いタイムスケールでは、ゆっくりと流れているのだ。

◉プルームテクトニクス

マントル内部のプルーム状の上昇流と下降流が、地球表層で起こるプレート運動などの原動力ではないだろうか。そうした考え方が、**プルームテクトニクス理論**である。

大陸の集合や分裂は、マントルプルームの上昇と下降によって説明できる。

たとえば、およそ3～4億年前、バラバラになっていた複数の大陸が集まって**超大陸パンゲア**が生まれたのは、コールドプルームが沈み込むところに大陸が引き寄せられたためと考えられている。

一口メモ

相転移［そうてんい］ 1つの相から他の相へ変わる現象。温度や圧力といった物質が置かれた環境に応じて、その状態が変わることがある。たとえば、水が凍ったり、沸騰して蒸発するのも相転移である。相変態（そうへんたい）や相変化（そうへんか）ともいう。

また、およそ2億年前、超大陸パンゲアがバラバラに分裂し始めたのは、大陸の下にホットプルームが上昇してきたためと考えられるようになった。地球表面のプレート運動は、地球内部のプルームの動きと連動しているのだ。

◉地球のＣＴスキャン

マントル内でプルームが生じている証拠は、地震波速度の違いを詳細に調べて三次元の分布図にする**地震波トモグラフィー**を用いると見えてくる。

人体であれば解剖することなく内部を調べるために、Ｘ線ＣＴ（Computed Tomography）スキャンが使われる。それと原理はそれと同じで、Ｘ線ではなく**地震波《は》**を用いる。

地震波トモグラフィーによって、地球内部をイメージできるようになり、マントル内が均質ではないことがわかった（次ページ図）。

日本列島下に沈み込んだプレートは、いきなりマントルの底まで沈むのではなく、深さ６７０kmあたりに、いったん留まっているらしい。溜まって大きな塊になったときに、下に落ちていくのではないかと考えられている。これがコールドプルームである。

南太平洋やアフリカの下には、ホットプルームが生じているように見える。ホットプルームも、深さ６７０kmあたりまで上昇して、いったん留まっているように見

地震波トモグラフィー

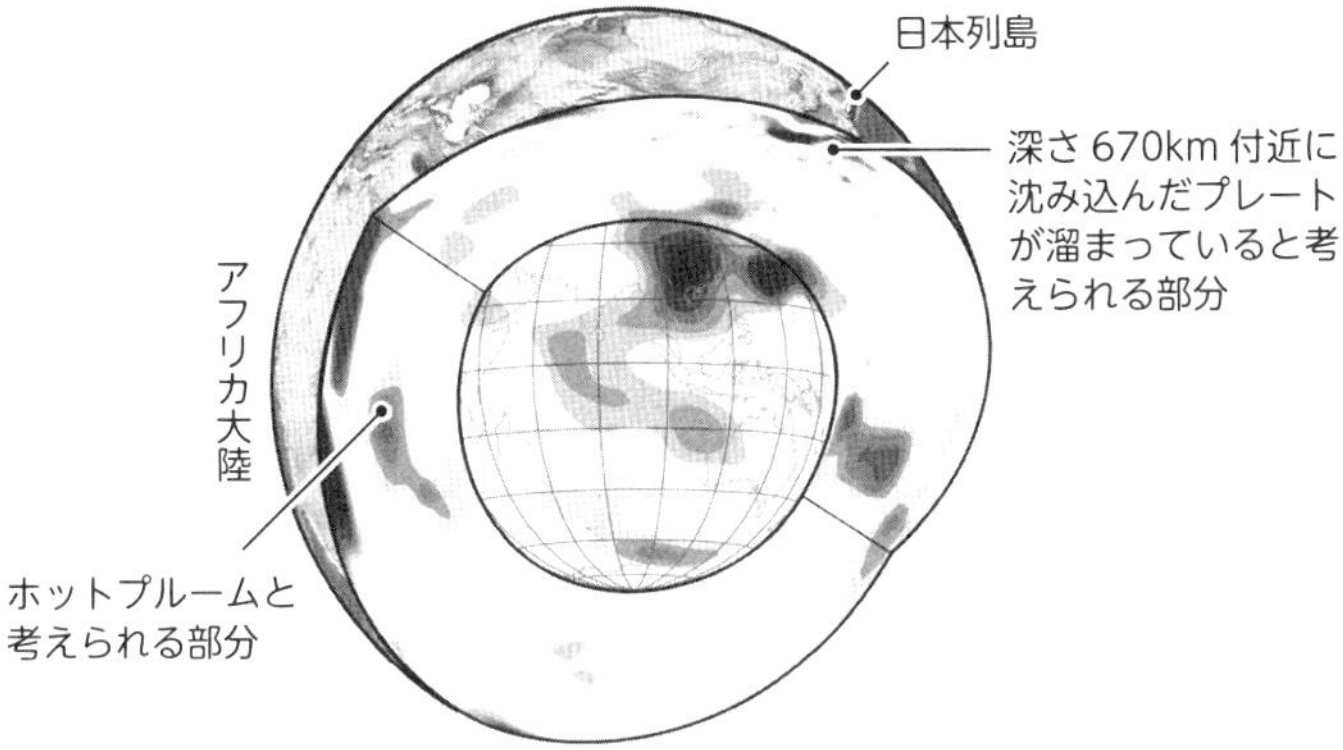

地球内部の地震波速度の違いを示した図「地震波トモグラフィー」。
マントルが不均一であることがわかる（本文参照）。
画像提供：海洋研究開発機構（JAMSTEC）

える。そこから小さなプルームに枝分かれして、さらに上昇していると考えられている。

どうも、深さ670kmあたりにスムーズな対流をはばむ何かがあるようだ。じつは、このあたりがマントル物質の結晶構造が変わる（**相転移《そうてんい》**）圧力となる深さにあたり、**上部マントル**と**下部マントル**の境界なのだ。

このため、沈み込んだプレートは、密度が高い下部マントルの中にすぐには沈んでいくことができず、滞留してしまうわけである。

それが溜まりに溜まって大きな塊になってしまうと、沈み始めるのではないかといわれる。おかげで、ラバランプのような断続的に生じる対流となってしまうのである。

ほとんどが固体であるにもかかわらず、浮かんだり沈んだりできるのは、不思議に思える。だが、長い時間をかければ、固体も流動する（83ページ参照）。

巨大な地球の動きを理解するには、とにかく長いタイムスケールで眺めてみることが必要だ。

マグマはプレート境界部に多い

▼マグマができる場所

◉火山噴火とは

火山噴火というのは、ダイナミックな地球の活動を目《ま》の当たりにできる現象である。地下深部でできたマグマが地表まで上昇してきて、噴煙を上げながら灼熱の真っ赤な溶岩が噴出しているシーンを見ていると、自然の威力と脅威を感じずにはいれない。

そもそも火山はどうして噴火するのだろうか。

よくたとえられるのが、ビールを振ってから開けると泡が吹き出す現象である。中身が見えるビール瓶の栓を抜くと、瓶の上のほうで泡が立ち、発泡したビールが上昇して吹き出す様子を観察できる。減圧によって、ビールに溶けきれなくなった二酸化炭素が、泡となって吹き出るというわけだ。

同様に、マグマに溶け込んでいるガスが、膨張によって泡となって現われ、火口を押し開いて噴火する。火口から流れ出た溶岩が泡だらけなのは、火山ガスが抜けたあとである。勢い余って飛び散ったマグマは、空中で発泡しながら急冷されて、

伊豆大島火山（1986年11月21日）の割れ目噴火

著者・鎌田撮影

泡だらけの軽石になる。軽石がほとんどガラスでできているのは、結晶ができる間もないほど急冷されたからである。

火山の噴火様式は様々で、山体を吹き飛ばすほど爆発的な噴火があるかと思えば、爆発することなく溶岩が流れ出るだけの噴火もある。

それは、マグマの流動性と噴火時のガスの量次第だ。シリカ分（二酸化ケイ素：SiO_2）が多いほど粘性が高いネバネバのマグマとなり、シリカ分が少ないほど流動性が高いサラサラのマグマとなる。

◉火山が多いプレート境界

それでは、火山はどのような場所にできるだろうか。火山ができるためには、マグマができなければならない。

地球内部構造の図（99ページ参照）がカラーで描かれている場合、マントルは赤く塗《ぬ》ってあることが多いためか、マントル全体がドロドロに融《と》けていると勘違

一口メモ

休火山［きゅうかざん］ かつては、有史以来、噴火の記録がない火山を「休火山」と呼んでいた。しかし、数千年にわたって活動を休止した火山が噴火することもあるため、いまでは「休火山」の語は使われない。「活火山」は、2003年に「過去1万年以内に噴火した火山及び現在活発な噴気活動のある火山」と定義し直され、活火山の総数は現在110となっている。

いしてしまう人が多いようだ。

だが、マントルはほとんどが融けていないし、マグマができているのは局地的である。地球全体から見れば、火山ができる場所は意外と限られており、**中央海嶺《かいれい》**、**沈み込み帯**（**島弧《とうこ》**）、ホットスポットだけなのだ。このうち、プレート境界にあたるのは、中央海嶺、沈み込み帯（島弧）である。

地球上に噴出するマグマの80％は、中央海嶺で生産されているという。

中央海嶺は、プレートが生まれる裂け目だ。プレートが横に広がることで隙間ができてしまうため、下からマントル物質が上昇し、減圧により融解（物質が融けて均一な液体になること）が起こっている。

マントル物質が部分的に融けてできたマグマが地表近くまで上昇して固まり、それが海洋地殻となる。地表の7割を占める海の底をつくっているのは海洋地殻であり、中央海嶺で噴出したマグマが固まったものだ。

島弧は、海洋プレートが沈み込む場所である。長い間海水にさらされていて水をたっぷり含んだ海洋プレートが沈み込んでいくものだから、地下深部にある高温状態の岩石に水を供給することになる。加水されると岩石は融点《ゆうてん》が下がるので、融けやすくなるのだ。日本列島周辺に火山が多いのは、水を含んだ海洋プレートが沈み込んでいる場所だからである。

マグマ発生のしくみは違えど、火山活動はプレート境界で起こっている。自然の

ハワイ諸島とホットスポット

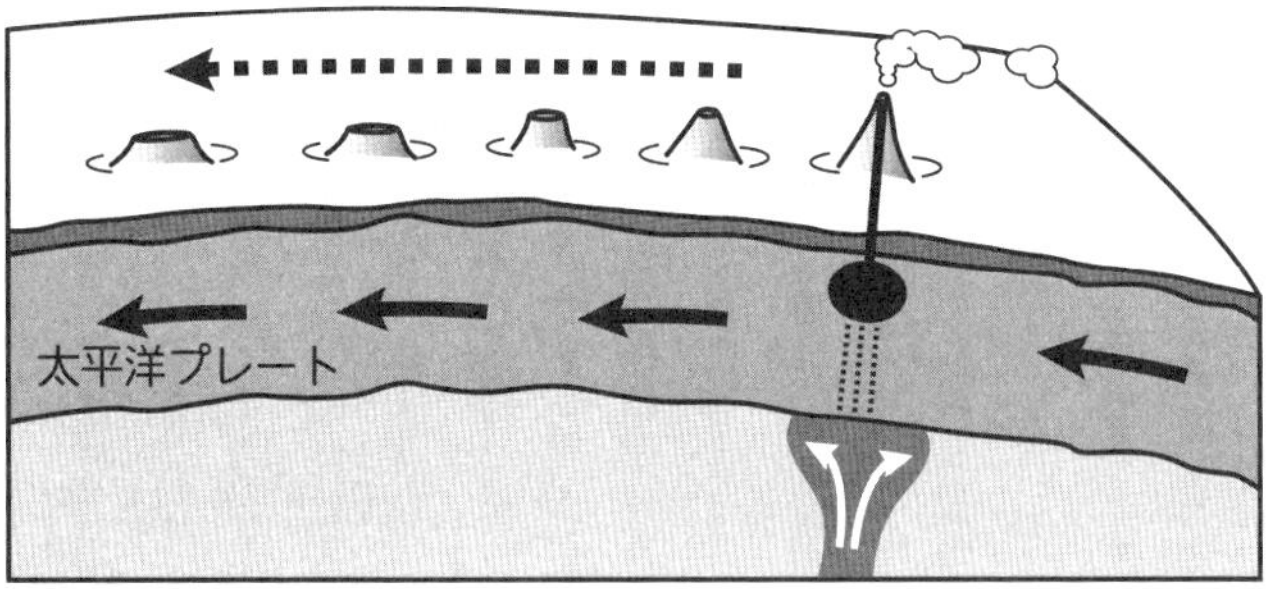

力を見せつけられるような火山噴火をコントロールしているのも、プレートやマントルの動きなのである。地球内部にいかに巨大なエネルギーが秘められているのかがわかる。

◉ホットスポット

ホットスポットは、マントル下部からの上昇流（**ホットプルーム**）がプレートを突き抜けて地表まで上昇してくる場所である。プレート運動に影響されず、マントル深部からのマグマが噴出している。有名なホットスポットはハワイ島で、キラウエア火山が常に噴火している。

太平洋の地図を見ると、島々が列がなしていることに気づく。

たとえば、ハワイ諸島は、東から、ハワイ島、マウイ島、ラナイ島、モロカイ島、オアフ島、カウアイ島と一列に並んでいる。

それぞれの島をつくっている岩石の年代を調べると、いまでもキラウェア火山が盛んに溶岩を噴出しているハワイ島が最も新しく、西に離れるほど古い。

一口メモ

ホットスポットの移動　ホットスポットはマントルに固定された座標系（不動点）として、プレートの過去の運動を求めるための基準などに用いられてきた。しかし、最近になって、ハワイ・ホットスポットの軌跡である天皇海山列の掘削結果から、ホットスポットが過去（約8000万～5000万年前の間）に、南へ緯度で約15度移動した可能性などが指摘された。

このことは、ハワイ島の下、プレートよりもずっと地下深部から、マグマが湧き上がっていると考えれば説明がつく（前ページ上図参照）。ホットスポット上に**海底火山**ができると、やがて大きくなって海面の上に顔を出す島になる。

ところが、プレートがベルトコンベアのように移動しているので、できた火山島も移動してしまう。やがて、ホットスポットから離れてしまい、火山活動は停止し、火山島は海に洗われ、侵食されていくというわけだ。

このように、プレートと動かないホットスポットを不動点として、プレート運動が海底に記録している。火山島は過去のプレート運動を探る手がかりなのである。

マクロな地球科学
09

地球環境の変動をもたらす要因は地下にあり

▼大陸移動の歴史

◉大陸は常に移動している

プレートやマントルの動きがわかってくるようになると、大陸がどのように移動してきたのかもわかるようになってきた。大陸は常に移動しており、合体と分裂を繰り返してきたのだ。

古生代ペルム紀の終わり、2億5000万年前頃には、いくつかの大陸が衝突・合体することで**超大陸パンゲア**が誕生した。

2億年前頃からパンゲア大陸は分裂し始め、少しずつ移動して、いまの大陸分布になったと考えられている。そのきっかけは、マントルに生じた**ホットプルーム**が上昇してきたことだと考えられている。

ところが、超大陸パンゲアが蓋《ふた》をした状態になってしまい、下に熱がこもってしまった。その熱を逃がすために活発な火山活動が起こり、超大陸パンゲアは引き裂かれたのだ（113ページ下図参照）。

地球内部で起こっている現象が、地震や火山噴火といった身近な現象とつながっている。地球を理解するには、マクロな視点、すなわち大きなスケールと長い時間軸で見ていく必要がある。

◉大陸移動と気候・生命進化

大陸の移動は、気候や生命進化に影響を与える。

たとえば、約２億５０００万年前に起こった生命の歴史における最大の大量絶滅。三葉虫や四斜サンゴ、フズリナといった多くの生物が、この時期に姿を消した。

その原因はよくわかっていないが、ちょうど、超大陸パンゲアが引き裂かれるタイミングなのだ。ホットプルームによる想像を絶する巨大火山活動が起こって、地球全体が火山灰でおおわれてしまい、長期間にわたって太陽光が遮《さえぎ》られたのではないかと疑われている。

新生代になって地球が寒冷化したのも、大陸配置のせいだといわれている。南極大陸が孤立化して、その周囲をぐるぐるまわる環南極海流という寒流が取り囲み、外から暖かい海水が流れ込まない状況となった。いわば、南極大陸が極地に閉じ込められることで寒冷化が進み、氷におおわれた大陸になったと考えられている。

インド大陸がユーラシア大陸に衝突したことによってヒマラヤ山脈が形成されたことは、現在の気候にも影響している。高さ８０００ｍもある山脈は、薄い大気のなかでは巨大な風をブロックする障害物となるはずだ。風の流れが変わることで、

一口メモ

リング・オブ・ファイア　火山の分布を見てみると、太平洋をぐるりと取り囲んだゾーンに並んでいることがわかる。海洋プレートが大陸プレートの下に沈み込んでいるからだ。なんと活火山の約75%にが集中し、「環太平洋火山帯（リング・オブ・ファイア）」と称される。環太平洋火山帯は火山活動と地震活動の両方が活発なことが特徴で、日本列島もその中にある。

大陸移動の歴史

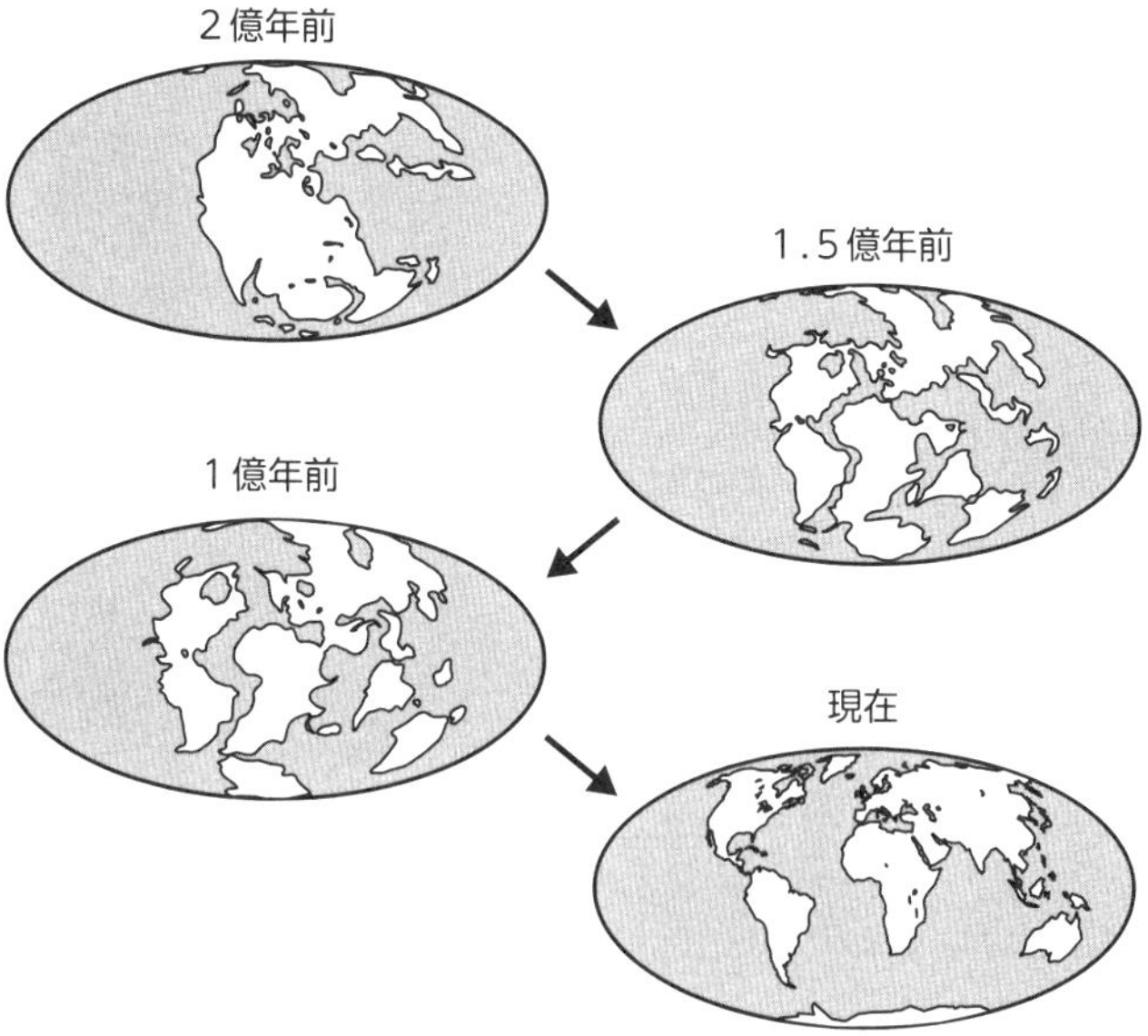

超大陸を分裂させたホットプルーム

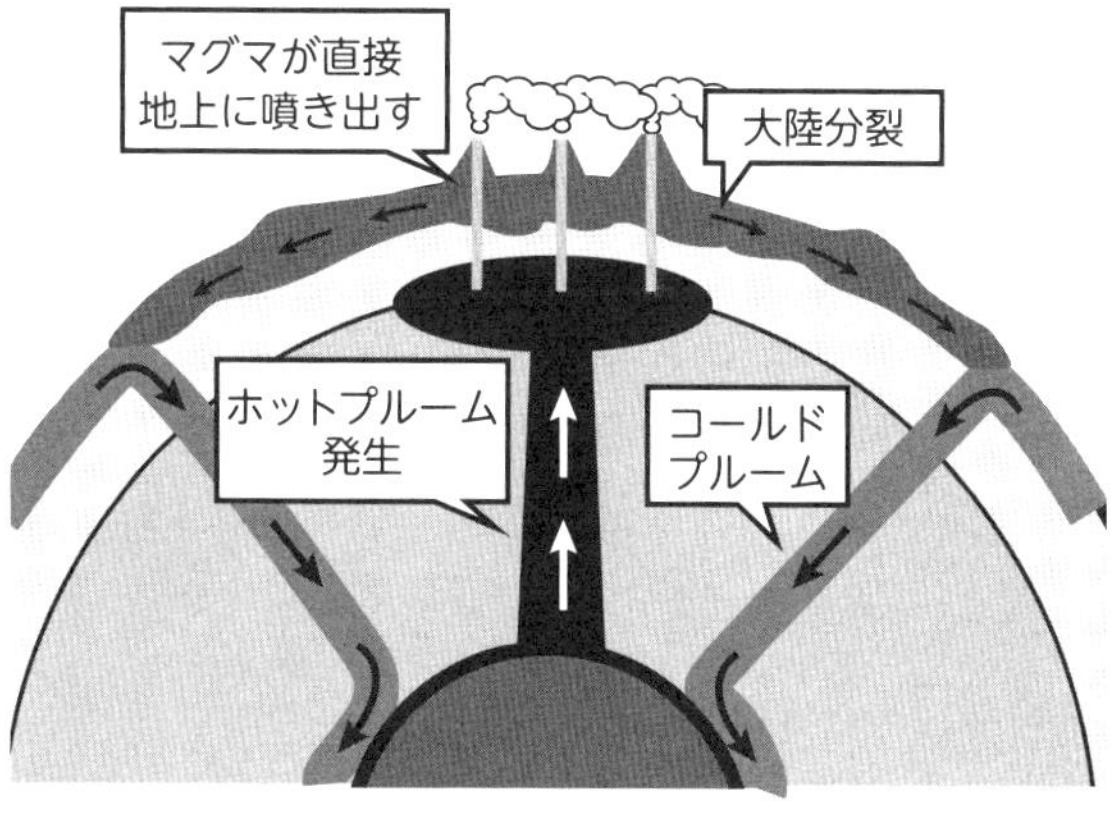

モンスーン気候が活発化したと考えられている。

このように、気候変動や生命進化に大きな影響を与えた原因を突き詰めると、結局は地球内部の動きにたどりつく。地球環境を理解するのには、地下世界の理解も必要なのである。

◉複雑な地球環境

地球内部にあるマントルの大きな動きが、プレート運動の原動力となり、大陸移動や地殻変動を起こし、地球表面の大地を動かしている。

そして、大地が動けば、地球環境を変化させる。大陸の位置関係や巨大山脈の形成が気候に影響するからだ。気候の変化は、生物の進化にも大きな影響を及ぼすことになり、まさに「風が吹けば桶屋が儲《もう》かる」といった感じだ。

地球で起こっている現象というのは、サイズも時間も途方もなくスケールが大きいうえに、太陽と地球の関係、大陸と海洋の配置、海流、生命活動などが相互に関連し合っている。地球環境というシステムは、様々な現象が複雑に絡み合ってできているのだ。

こうしたマクロな視点をもって過去をたどっていくことが、地球環境の理解につながる近道といえる。

第4章

痕跡を追う地球科学

～過去の環境を調べる手がかり～

痕跡を追う
地球科学
01

地層に残された生物の痕跡

▼生痕化石

◉絶滅した太古の生物の足あと

大昔に生きていた生物に魅了される人は多く、とくに恐竜は人気が高い。だが、絶滅してしまった太古の生物を調べることは容易ではない。なにしろ、生きている姿を見ることができない。手がかりは地層の中にしかないのだ。だからこそ、余計にロマンを掻き立てられるのかもしれない。

モンゴル・ゴビ砂漠は恐竜ファンなら一度は行ってみたい場所だろう。果てしなく続く荒野の中に、大きなカエデのような形をした石の塊が転がっていることがある。恐竜の足あとだ（次ページ写真参照）。

足あとが転がっているというのは、妙に聞こえるかもしれない。実際には、足あとというより、足型の塊といった感じである。泥などの地面の上を歩いた動物の重みでできた足型のへこみに、別の泥が入ってきてかたまってから、はずれてしまったと考えられる。数千万年の時を経て、足型岩石をつくってしまうのだから、地球の現象は摩訶《まか》不思議だ。

ゴビ砂漠で見られる恐竜の足跡《そくせき》化石

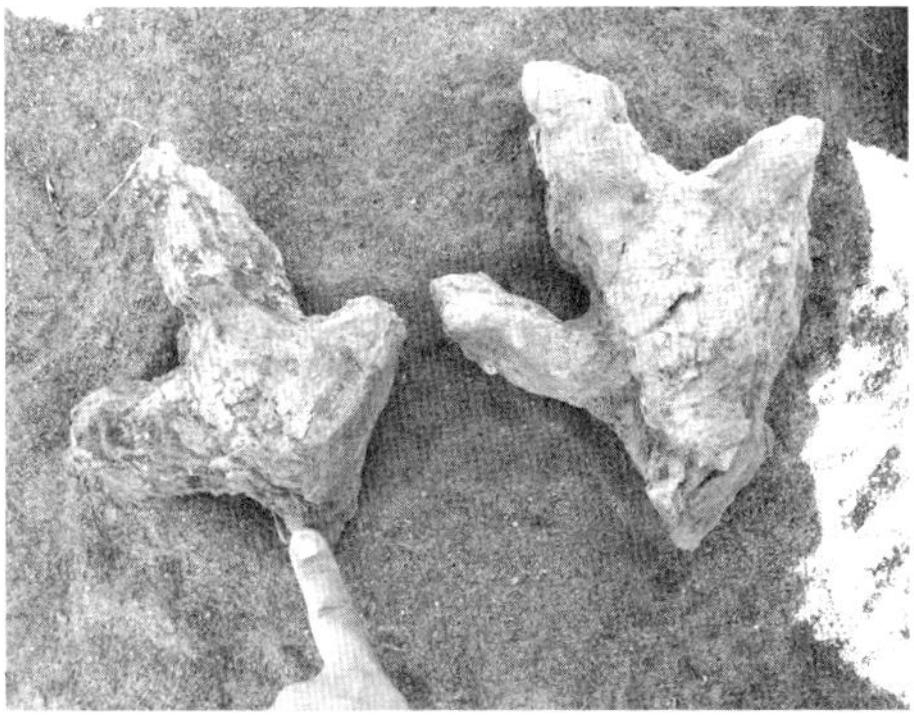

モンゴル・ゴビ砂漠に転がっていた恐竜の足あと
著者・西本撮影

地層に残された足あともれっきとした化石である。骨や殻が残っていなくても、生物の痕跡であれば化石と呼ばれる。足あとのように生物の活動を残した化石は、とくに**生《せい》痕《こん》化石**という。生痕化石は、古生物の生態や生息環境を教えてくれる貴重な証拠である。

◉恐竜が歩いたあと

恐竜の足あとは日本でも見られる。

日本で初めて確認された恐竜の足あとは、群馬県神流町《かんなまち》の国道沿いに露出する約1億3000万年前の細かい砂の地層にある（次ページ写真参照）。大小2種類の恐竜の足あとが残っており、なかなか立派なものだ。

大きな足の恐竜に向かって、小さな恐竜が近づいたあとのように見えるが、争ったような感じではないので、親子だったのではないかと想像が膨らんでしまう。

もちろん、本当のところはわからないが、足あとというのは、こうした動きを記録しているという点で骨化石にはない面白さがある。

ところで、神流町の露頭に残された足あとは、ゴビ砂漠に転がっていたような足型岩石ほどに明瞭な形を残してはいない。足あとだといわれてみなければ、足あとだと思わないかもしれない。

　実際、このくぼみが恐竜の足あとだとする論文が発表されたのは、１９５３年に露頭が発見されてから30年以上も経った１９８５年であった。足あとが残っている地層の上には、もともと別の地層があって、恐竜が歩いたのはその上だったようだ。

　こうした足あとは**ゴーストプリント**といわれ、直接踏まれた地層の上ではないから不明瞭なのだ。

　つい、足あとばかりに目が行ってしまいがちになるが、事件現場だと思って周囲も観察してみよう。露頭全体が波打っていることに気づくはずだ。川底の砂にミニ砂丘のような凸凹ができているのを見たことがあるだろう。

　流水がつくるこのような微地形を**カレントリップル**と呼ぶ。恐竜の足あとの周りにあるデコボコはカレントリップルだ。

日本で初めて恐竜の足あとだとわかった露頭（線で囲んだところが足あと。群馬県神流《かんな》町）。
写真提供：田中陵二博士

　つまり、水の流れがあった証拠で

一口メモ

タフォノミー　地層に閉じ込められた生物の遺骸がどのようにして化石になるのか、化石になるプロセスを研究する学問を「タフォノミー(Taphonomy)」という。いわば、生物圏から岩石圏への移行プロセスを知ろうとする研究分野であり、腐敗のことから堆積過程まで、生物学と地質学と両方からのアプローチが必要である。

ある。近くからは、淡水生、海生両方の二枚貝の化石が見つかっており、恐竜が歩いていたのは河口にできた三角州であったのではないかと推測できる。生物の痕跡（化石）は、過去の地球環境を知るヒントになるのだ。

◉石にならずとも化石

そもそも化石とは、地層に残された太古に生きていた生物の痕跡のことである。英語の「Fossil（フォッシル）」というのは、もともとラテン語で「掘り出されたもの」という意味であり、「石になったもの」という意味ではないのだ。永久凍土の中に残されていた冷凍マンモスも、石にはなっていなくとも、れっきとした化石である。

石になる現象のことは**石化**という。石化していない化石もあるのだから、なんだかややこしい。とはいえ、たいていの化石は「石化」しているといっていいだろう。

それにしても、生体が石化するというのもきわめて不思議なことである。生物が死ねば、すぐに腐敗してしまう。丈夫な骨をもつ大型哺乳類であっても、肉は食い荒らされるだろうし、骨もかじられたり風雨にさらされたりして、すぐにボロボロになってしまう。

遺骸《いがい》が形態をとどめたまま土砂に埋もれたとしても、地層に閉じ込められた後に溶けてしまったり、地圧で破壊されてしまったりすることもあるはずだ。化石として残るだけでも簡単ではない。それが、さらに石化してしまうためには、別のプロセスが加わる必要があり、まさに奇跡的と感じてしまう。

考えてみれば、堆積物《たいせきぶつ》が固い岩石になることも不思議なことだ。堆積物を固めて岩石に変えていく作用があったはずで、これを**続成《ぞくせい》作用**という。

すなわち、地下に埋もれた堆積物が圧密され、堆積物の隙間《すきま》を鉱物が沈殿して埋めていくプロセスが考えられる。生物の遺骸も堆積物の一部にすぎず、続成作用によって石化してきたのだ。化石には、単にどんな生物がいたのかというだけでなく、死後に埋もれた地層の中で起こった歴史も記録されているということになる。

◉化石の産状

子どもたちを化石採集に連れていくと、化石の発見に興奮するあまり、化石をたたき壊してしまう惨状を目にすることがある。落ち着いて、化石がどんな状態で埋もれていたのか、化石の「産状」を観察するように導きたいものである。

たとえば、二枚貝の殻が開いた状態であれば、埋もれたときはすでに死んでいたと考えられる。死んだ後に運ばれてきたのか、生き埋めになったのか――。化石を見つけたら、まずは産状を観察しておくと思わぬ発見につながるかもしれない。

古生物がどのように生き、どのようにして埋もれたのかという手がかりは、化石を含んでいる地層にある。化石の研究と地層の研究は密接に関わっているのだ。

痕跡を追う地球科学 02

地質時代の区分は生物の栄枯盛衰の歴史区分

▼地質時代と化石

◉地質時代は化石時代

主に化石を手がかりにして、過去の生物を復元し、生命の歴史や進化をたどるのが**古生物学**である。教科書に載っている地質年代表は、地層から出てくる化石の種類と地層の上下関係を調べた研究成果に基づいている。

化石で時代区分できるということは、ある期間に繁栄していた生物種が絶滅して、別の生物種が繁栄するということが繰り返されてきたということだ。

特にたくさんの生物種が同時期に絶滅してしまうことは**大量絶滅**と呼ばれ、**古生代**以降では5回あったと考えられている（157ページ図参照）。たとえば、古生代の終わりには、種の数で96％が絶滅したと推定されている。**中生代**の終わりには、恐竜などの多くの生物が絶滅したことで有名だ。したがって、多くの生物が絶滅した時期を境にして、古生代、中生代、**新生代**を区分したというのが本当のところだ。

大量絶滅とまではいかないまでも、主要な**古生物**（主に動物）の種類で時代区分されており、地質年代の区分は何らかの生物が絶滅したときが境目となっている。

一口メモ

K/Pg境界［ケイ・ピー・ジーきょうかい］ 白亜紀と古第三紀の境界のこと。以前は「K/T境界」と呼んでいたが、第三紀という時代名が2004年に国際地質科学連合（IUGS）によって見直され、「古第三紀」と「新第三紀」に分けられたため、古第三紀の英語（Paleogene）の略称を使って「K/Pg境界」と呼ぶ。とはいえ、いまだに「K/T境界」が使われる場合も多い。

地質時代の区分というのは、生物の栄枯盛衰の歴史区分なのだ。

生命の歴史は40億年といわれるのに、〝古い生物の時代〟という時代名である「古生代」が、約5億4000万年前から始まるというのでは、古い感じがしない。

それは、化石の種類と量がたくさん見つかるのは古生代以降で、それより前は、化石情報が限られていたからである。したがって、古生代より前の時代はひとまとめにして**先カンブリア時代**と呼ばれることもあった。

◉化学化石

時代が古くなるほど、生物の痕跡、すなわち化石は少なくなる。化石があっても小さな生物だし、そもそも微生物ばかりだと肉眼では見えない。したがって、生命の起源に近づくほど、生物の化石を探し出すのは困難である。

そこで、**有機物**を探す。

有機物は、意外に長時間、構造を変えながらも地層中に残ってるようだ。地層の岩石を砕いて抽出して調べる研究も行なわれている。生物の形を残していないが、化学分析によって生物がいた痕跡だといえるなら、**化学化石**と呼ばれる。

映画「ジュラシック・パーク」では、琥珀《こはく》に閉じ込められた蚊の血液から恐竜のDNAを取り出す設定となっている。現実に完全なDNAを取り出すことはできないだろうが、仮に蚊の化石に恐竜のDNAが一部でも残っていれば化学化石だとい

熱水噴出孔（ブラックスモーカー）

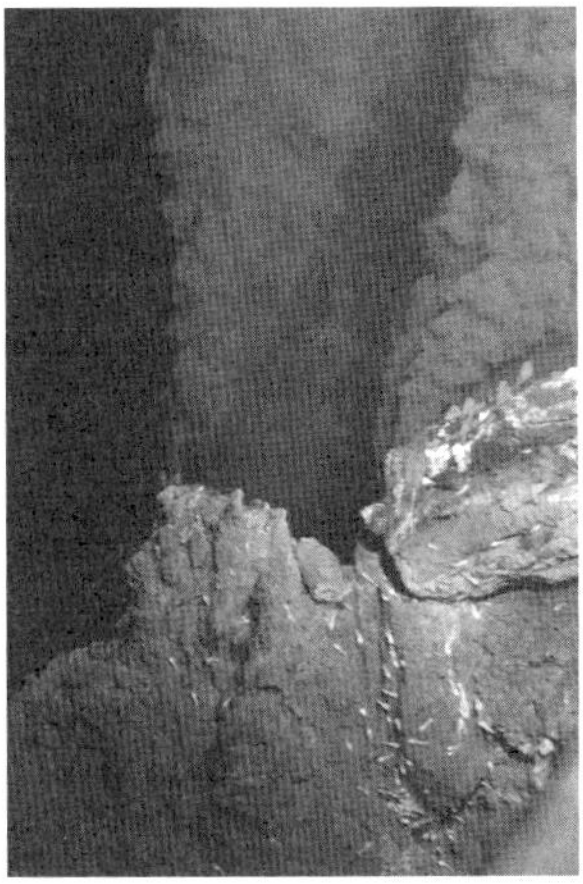

カリブ海ケイマンライズ・ビービー熱水フィールドの噴出孔。「しんかい6500」より撮影。
写真提供：海洋研究開発機構（JAMSTEC）

える。

◉生命誕生の現場

生命がどのようにして誕生したのか、それは誰もが疑問に思うことだろう。

最初の生命が生まれた場所は、深海底から300℃以上の熱水が噴出する**熱水噴出孔**《ねっすいふんしゅつこう》（写真参照）だったと考えられている。

噴出する熱水には、メタン、硫化水素、水素などが豊富に含まれているが、酸素はほとんどない。高温・高圧下で反応してできた有機物も、紫外線が届かない海底であれば分解されることなく、細胞に変化していくことができそうだ。

この説が広く受け入れられているのは、潜水調査の開発とそれによる深海探査のおかげである。

1977年に米国の潜水調査船「**アルビン号**」が、**ガラパゴス諸島沖**の太平洋海底で熱水噴出孔を発見した。太陽光が届かない海底深くの熱水噴出孔の周りには、多様な生物が多数生息していた。地球内部から湧き出す熱水に含まれる硫化水素やメタンをエネルギー源としている、多様で独特な**化学合成生態系**が存在していたのである。

熱水噴出孔は、まだ熱かった原始地球にはいくらでもあったはずだ。生命誕生の環境として有力な候補となった。

その後、わが国の潜水調査船「**しんかい6500**」も、世界中の熱水噴出孔から高温環境でも生きていける微生物「**超好熱菌**《ちょうこうねつきん》」を発見してきた。

熱水噴出孔には、生物の起原や進化の過程を解明する手がかりが残っている。熱水噴出孔の調査は、最初の生命がいかにして誕生したのかを探ることにもなっているのだ。

痕跡を追う
地球科学
03

地層は上に堆積するだけでなく横方向に堆積することもある

▼横にできていく地層

◉斜めの細かいシマシマ

グランドキャニオンのように、水平方向にどこまでも続く地層の写真を見ていると、土砂などが静かに積み重なっていくように思えるかもしれない。しかし、川のように流れがあるとそうはいかない。砂粒は流されて横に移動してしまうからだ。

砂の多い小川の底に、緩《かん》斜面と急斜面が繰り返すような非対称形のミニ砂丘が連なっているような模様ができていることがある。これが**カレントリップル**である。

ミニ砂丘の上流側斜面は長く緩やかで、下流側斜面は短く急である。水が流れていれば、砂粒が上流側の緩斜面を這《は》うように移動し、下流側の急斜面を転げ落ちるようにして溜まっていくのが観察できるだろう（次ページ写真参照）。砂の移動とともに、カレントリップルは横方向に移動していくわけだ。

カレントリップルの断面を見ると、下流側急斜面と平行な細かいしまが見える。それぞれのしまは、別のしまに切られて、長くは続かない。これが**斜交葉理**《しゃこうようり》だ。

地層に埋もれたカレントリップルは、断面では斜交葉理として見えるということ

流れのあと（カレントリップル）

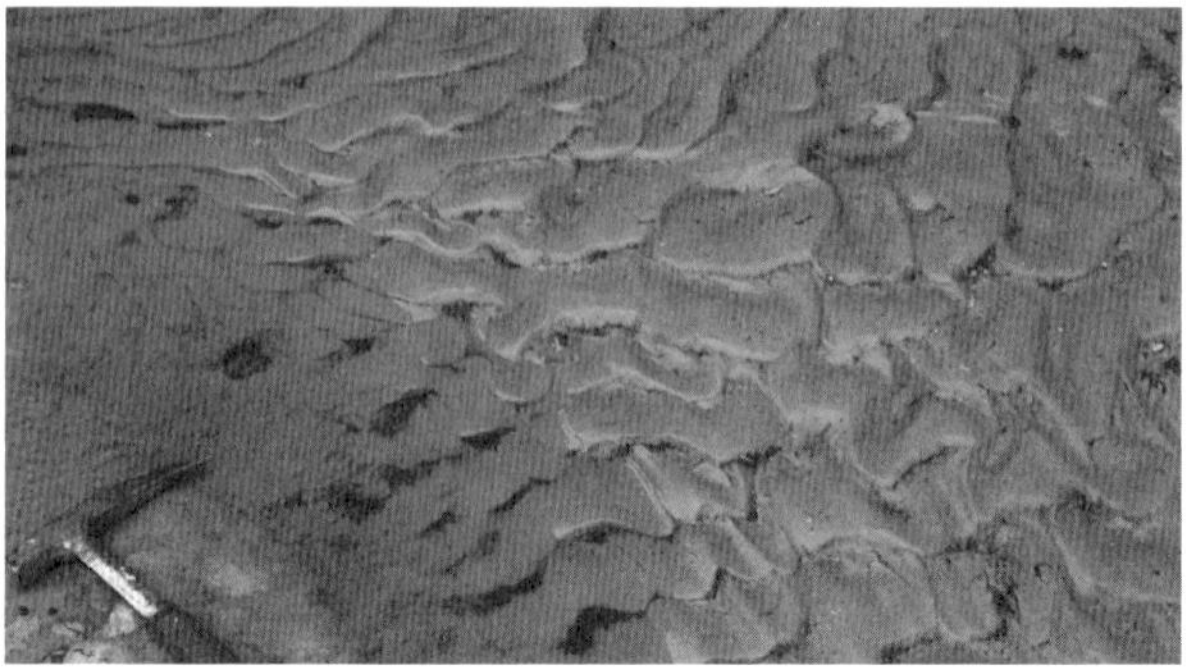

アメリカ・ユタ州
著者・西本撮影

である。斜交葉理の傾いているほうに向かって、水は流れていたことがわかる。斜交葉理は、地層ができたときの水流の方向（古流向）を知る手がかりになるのである。

◉斜めにできる地層

もっと大きなスケールで斜めにできた地層がある。129ページ写真は、カナダ・アルバータ州のある露頭である。よく見ると、水平な地層の下に、5〜12度くらいの傾斜で重なり合った地層がある。蛇行する河川の痕跡である。

蛇行している河川の外側は速い流れがぶつかるため、侵食されやすい。一方で、蛇行河川の内側は流れが遅くなっているため、土砂が堆積して川に突き出るような州ができる（ポイントバー。129ページ図参照）。

つまり、蛇行が進むということは、横方向への侵食と堆積が同時に起こるということである。断面では、斜めの地層が横に進んでいるように見えるだろう。

そして、川の蛇行が大きくなりすぎると、ついには流路が短絡してしまい、もとの流路が切り離されて三日月湖となるとともに、

カレントリップルでの砂の動き

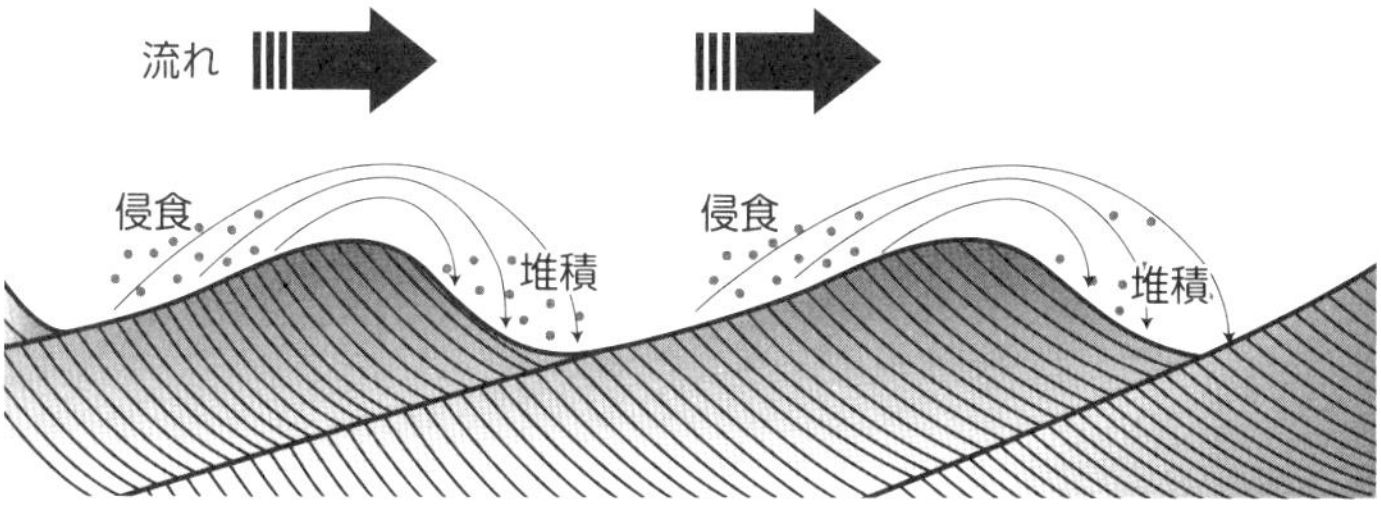

水の流れが底の砂粒を動かしてできるカレントリップルは、非対称の山形である。上流（図・左）側斜面上の砂粒は、底を這《は》うように移動し、下流側の急斜面にたまっていく。

横方向への堆積は止まる。蛇行河川のポイントバーは、カレントリップルよりも大きなスケールで斜めの地層ができる現場なのである。

129ページ写真にある斜めの地層は、ポイントバーの堆積物である。左から右に向かって流路が移動しつつ、ポイントバーが拡大したことを物語っている。

このように、地層を丹念に調べていくことで、いまは北アメリカ大陸の中央部にあたる場所にかつては海があり、その海に向かって大きく蛇行する河川が流れていたことがわかってくる。

◉サンドウェーブの痕跡

房総半島のなかほど、千葉県君津市市宿周辺にはいくつかの山砂採取場があり、巨大な露頭を眺めることができる。

近づいてみると、下から上まで60～80万年前に積もった砂《さ》礫《れき》なのだが、平行に積み重なったようなしま模様の地層ではない。大きなスプーンですくったような形の地層がいくつも斜めに交わったように折り重なったようである。**斜交層理《しゃこうそうり》**と

一口メモ

ウェーブリップル［漣痕：れんこん］ 一定方向の水流が砂粒を動かしてつくるカレントリップルに対し、波が砂の上につくる凹凸をウェーブリップルという。断面の形は左右対称となる。海水浴場などの砂浜のある海底によくできている。

呼ばれる独特の地層だ。いったい何の痕跡だろうか。

ここの地層からは二枚貝の化石が見つかるが、両方の貝殻がそろっていることはなく、壊れていることが多い。つまり、化石となった貝はこの地層ができた場所に棲《す》んでいたのではなく、どこからか運ばれてきた貝殻だということがわかる。また、サメの歯、クジラやイルカの骨などの化石も見つかっているから、堆積した場所は川ではなく海だろう。

これほど分厚い地層をつくったのだから、海といっても沿岸ではなく沖合だろう。流れていた方向は、北東～東向きでほぼ一定していたようだ。ということは、海流の影響があったのではないだろうか。

じつは、島と島の間のような強い海流が流れる沖合の海底には**サンドウェーブ**と呼ばれる大きな砂の高まりがあることが知られている。いわば海底の砂丘で、通常、高さ数mから十数m程度といわれる。

斜交層理のサイズから推定してサンドウェーブの高さは5mくらいだ。当時、関東平野はなく、房総半島の南にある嶺岡《みねおか》山地は島であった。おそらく、黒潮が入り込むような海峡があったのだろう。

◉砂丘の痕跡

ユタ州ザイオン国立公園。日本ではあまり知られていないようだが、アメリカで

蛇行河川でできた地層

カナダ・アルバータ州で見られる河川堆積物。露頭の下部に右傾斜の地層が見られる。
写真提供：Dr.Callan Bentley

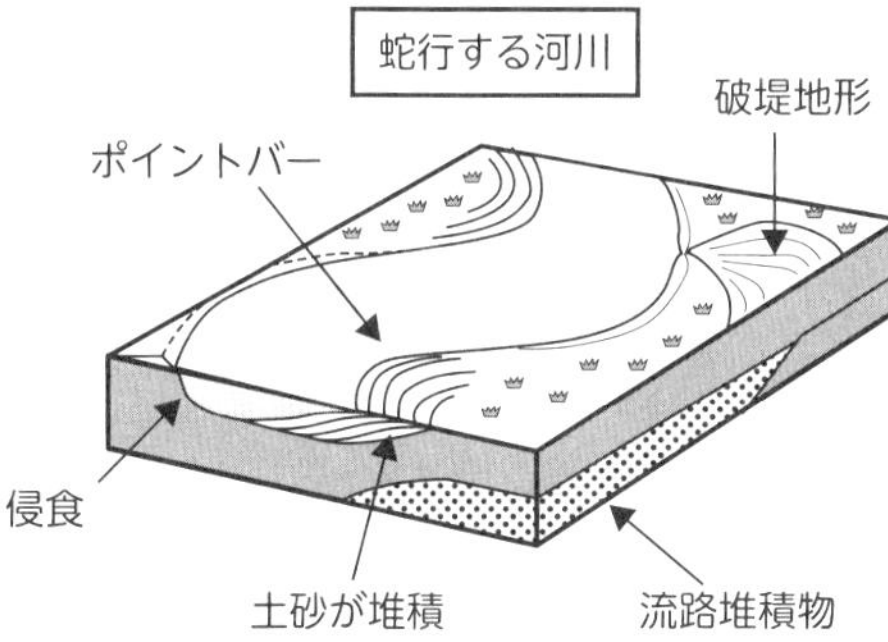

はグランドキャニオンに並ぶ人気の国立公園だ。ヴァージン川が削り込んだ渓谷に行くと、両岸にそそり立つ巨大な絶壁に圧倒される。

訪れた人の印象に残る絶壁は、まず**ナバホ砂岩**という、砂が固まったジュラ紀前期にあたる約1億9000万年前の地層である。

厚さは600m以上に達し、パッと見では褐色系の色合いだが、細かく見ると白っぽい部分や赤っぽい部分など色の変化があり、しま模様がわかりやすくなっていることがある。

ナバホ砂岩層は、その下にある地層やグランドキャニオンで見られるような平行な筋がある地層ではなく、斜交した地層ばかりである。しかも

一口メモ

ザイオン国立公園　アメリカ南西部のユタ州にある国立公園。グランドキャニオンと並ぶアメリカの景勝地として多くの旅行者が訪れる。長さ24km、深さ800mのザイオン渓谷が特徴で、ヴァージン川によってナバホ砂岩が侵食された地形。

〝アメリカンサイズ〟だから、日本で斜交層理を見たことがある人なら、「でかい！」と声をあげてしまうだろう。

1つの斜交層理の高さが20mを超えるものもある。しかも、斜交層理の角度が30度以上あるような急傾斜であることが多い。これほど急傾斜の斜交層理は水中ではできないから、風によって運ばれてきた砂が溜まってできた砂漠の砂丘だったと考えられる。

では、大量の砂は、どこから運ばれてきたのだろう。

砂丘の形から、風の方向は北北西から吹いていたと推定される。砂粒は驚くほど粒度がそろっているだけでなく、ほとんどが石英《せきえい》ばかりだから、長期間にわたって風化を受けていたようだ。砂粒としてわずかに混ざっていたジルコンという鉱物の放射性同位体を測定したところ、アパラチア山脈のジルコンと一致。形成年代は約10～12億年前と推定された。

つまり、ナバホ砂岩の砂粒は、北米大陸のはるか東にあるアパラチア山脈に由来するらしい。

アパラチアの山頂で削られた砂が川に流されて西へ向かい、その後、北風に乗って運ばれ堆積し、巨大な砂山になったという説が出されている。ザイオン国立公園の絶壁には太古の砂漠をつくっていた砂粒の生い立ちを探る手がかりが残されている。

斜交層理

斜めのしま模様が見える地層が重なり合ったようになっている（127 ページ参照）。
写真提供：石橋正祐紀氏

砂丘堆積物

斜交した地層が数百mも重なるアメリカ・ユタ州の砂丘堆積物の露頭。
写真提供：名古屋大学　丸山一平准教授

痕跡を追う
地球科学
04

広範囲に残された噴火のあと

▼火山の痕跡

◉都会に残された火山灰の地層

東京世田谷に「等々力《とどろき》渓谷」という景勝地がある。東急大井町線の等々力駅にほど近い場所で、「等々力渓谷入口」と案内があるのを見ると、「こんな街中に渓谷があるのか！」と驚かれる人もいるだろう。

実際に行ってみると、コンクリートで固められた遊歩道が整備されており、東京都道の環状八号線（環八《かんぱち》）の大きな陸橋もまたいでいるから、渓谷というには人工的と感じるかもしれない。

それでも、1㎞ほど続く谷底の遊歩道を歩いていると、まるで森林公園にでも入ったかのような雰囲気で、都内にいることを忘れてしまう。何より、わずかながらも地層を観察することができるというのが、都内では貴重である。

等々力渓谷は武蔵野台地を谷沢川が削り込んだ小さな谷で、川沿いの崖から湧く水が滝となって流れ落ちる音がとどろいていたからその名がつけられたという。

等々力渓谷で見られる地層は、下から**泥岩《でいがん》層**、**礫《れき》層**、**ローム層**で、それぞれ海、

一口メモ

火砕流［かさいりゅう］ 噴火で放出された高温（一般的に600～900度。なかには低温のものもある）の火山噴出物が、秒速100m近くの高速で火山体斜面を流れ落ちる現象。火山噴火のなかでも最も警戒すべき現象である。雲仙普賢岳の火砕流では4.3km地点まで流下した。

川、陸上でできた地層である。泥岩層はかなりしまった緻密《ちみつ》な地層なので、水を通しにくく、台地に浸透した水は、泥岩層の上の礫層を通って湧水となるわけだ。

武蔵野台地をつくっている地質は、この3点セットの地層である。一番上をおおう**関東ローム**と呼ばれる赤土は、火山灰や塵や植物の遺骸《いがい》などが積もった**風成層**だ。その赤土の中に、白っぽい地層が見える。**東京パミス層**（**東京軽石層**）だ。何やら東京土産の名前のようだが、じつは箱根火山の由来である。かつて都市化が進行している最中には、造成によって地層が露出することが多かったようだ。おかげで、東京パミス層の厚さが調べられて、箱根に近づくにつれて次第に厚くなっていくことがわかった。箱根に近い小田原あたりでは4mにも達するという。箱根に近づくほど厚くなる火山灰層なのだから、噴出源が箱根山だと推測できるわけだ。

等々力渓谷のような静かな場所で地層を眺めていると、なんだか静かに空から火山灰が降ってくるような気がしてしまう。

しかし、火口から70㎞も離れた場所に軽石を吹き飛ばすような噴火は相当な規模の噴火だったはずである。

約6万年前、箱根山は大噴火を起こして火山灰を撒き散らしただけでなく、高温の火山噴出物と火山ガスの混合物が火山の斜面を駆け下りる**火砕流**《かさいりゅう》が横浜まで達していたらしい。大噴火の痕跡は、地層の中にくっきりと残されているのである。

一口メモ

水蒸気爆発［すいじょうきばくはつ］ 地下水がマグマに触れることなく急激に気化・膨張することで起こる現象を水蒸気爆発（噴火）という。マグマの温度は、化学組成にもよるが、だいたい800～1200℃程度もあるので、水は間接的でも十分加熱できる。これに対して、水がマグマに直接触れてマグマとともに噴出する現象をマグマ水蒸気爆発（噴火）という。

◉シラス台地をつくった火山

かつて日本全土を火山灰がおおうような巨大噴火があった痕跡も地層の中に残されている。大部分が無色透明な火山ガラスからなる白っぽい火山灰が、北海道を除く日本全土で見つかっているのだ。

火山灰層の厚さをたどっていくと、関東や中部地方で10㎝以上、近畿・中国・四国・九州北部で20㎝以上、九州南部で50㎝以上となり、噴火した火山は鹿児島県の中央部だと推測できる（次ページ図参照）。

それなら桜島だと思ってしまいそうだが、少し違う。桜島は火山本体というより大きな火山の一部にすぎない。巨大噴火を起こした火山は、陥没して**姶良《あいら》カルデラ**をつくった。そこに海水が入り込み、錦江湾《きんこうわん》になった。

その後、姶良カルデラの南の縁で、小規模な火山噴火が起こってできたのが桜島だ。現在も活発に活動する桜島だが、姶良カルデラの歴史からすれば小規模なものである。

姶良カルデラをつくった巨大噴火のときにまき散らされた火山灰を**姶良Ｔｎ火山灰**と呼んでいる。ちなみに、「Ｔｎ」は丹沢《たんざわ》のことで、もともと丹沢で見つかっていた火山灰をたどっていくと、姶良カルデラにたどりついたということである。

姶良カルデラをつくった巨大噴火で放出された火山灰は、偏西風に乗って数日から数か月の間に日本中に降り積もり、大地を真っ白にしたことだろう。そんな巨大

姶良《あいら》 Tn 火山灰の厚さ

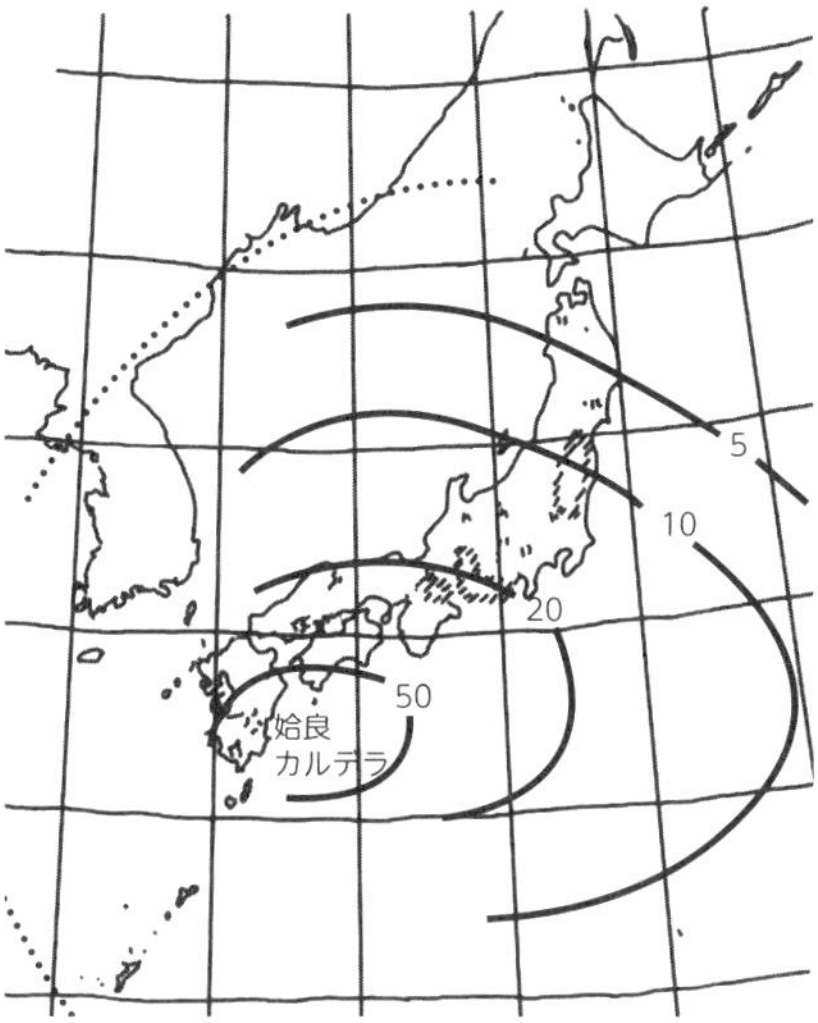

出所：町田・新井 (1992) 火山灰アトラス 東大出版会、276 ページをもとに作図

噴火というのは、どれほどの威力だったのだろうか。

噴火の凄《すさ》まじさを感じることができるのは、鹿児島県で見られる**シラス大地**の崖である。何十mもある崖をつくっている堆積物が、たった1度の噴火でできたというのは、にわかに信じがたいほどだ。

シラス台地の堆積物は、噴火で上空に舞い上がった火山灰が降下したものではなく、火砕流による堆積物である。

姶良カルデラ周辺では厚さが100m以上もあり、100km以上離れた場所にまで到達しているから、まったくもって想像を絶する規模なのである。

細かいしま模様は湖底のしるし

▼湖の痕跡

◉塩原の〝木《こ》の葉石《はいし》〟

栃木県にある塩原といえば、温泉と紅葉などで知られた観光地である。だが、有名なのはそれだけではない。**木《こ》の葉石《はいし》**と呼ばれる植物の葉の化石が多く見つかる。細かい葉脈までがわかるほど保存状態がよく、現在の植物と種類が似ているために、葉っぱを埋めてつくったのではないかと疑いたくなるほどである。

「木の葉化石園」という施設では、木の葉石を展示しているだけでなく、木の葉石が含まれている地層を観察することができる。

木の葉石を含んでいる地層は**塩原湖成層《しおばらこせいそう》**と呼ばれ、湖底で堆積したものだと考えられている。水の流れがない静かなところに堆積したような細かい平行なしまが見られる地層であるうえに、昆虫、淡水魚、カエルなどの淡水生の動物化石も見つかるからである。実際、地層をハンマーでたたくと平行なしまに沿ってきれいに剥離《はくり》し、化石が現われる。

地層の分布から、湖の大きさは東西に約6km、南北に3kmほどの大きさで、いま

木の葉の化石が露出した地層

塩原湖成層の露頭。静かな湖底にゆっくり溜まってできた地層には、細かいしま模様がある。
写真提供：木の葉化石園（栃木県那須塩原市）

から約30万年前（新生代第四紀更新世）、火山噴火によって川がせき止められてできた湖だと考えられている。

湖の周りにはブナ林が広がり、秋になると木の葉や木の実などが落ちては、流れ込んでくる泥や火山灰などとともに静かに積もったようだ。

その後、塩原化石湖の東端が次第に削られ、湖水が流れ出ていくようになると、塩原湖成層も削り出されて露出するようになった。

細かい平行のしまの地層は、静かな湖底のしるしだ。そこに湖があった証拠であり、静かに水を湛《たた》えていた様子が記録されているのである。

一口メモ

化学組成［かがくそせい］ ある物質を構成する元素や化合物などの化学成分が、それぞれどれくらいの比率で含まれているかを示したもの。組成式（化合物を構成する原子の種類と各原子の個数の最も簡単な整数比を示す化学式）で表わしたり、各成分の質量、体積の百分率を用いたりする。

◉奇跡の地層

静かな湖底に降り積もるものが季節ごとに違えば、木の年輪のように1年ごとに1セットのしま模様ができる。

たとえば、春から夏は珪藻《けいそう》（植物プランクトン）の殻などが、秋から冬には粘土などが主に降り積もることが考えられる。このような1年に1セットの細かい層を**年縞**《ねんこう》という。

福井県若狭湾《わかさ》近くに広がる緑豊かな山々の間に位置する三方五湖。その中で一番大きな湖「水月湖《すいげつ》」で、7万年分の年縞が日本で発見されている。水深約34mの湖底に積もった地層には、平均0・7㎜ほどの年縞が、約7万年分連続していることがボーリング調査で明らかにされている。

水月湖は、周囲が高い山々で囲まれた5つの湖の中央に位置し、波や風によって湖水がかき混ぜられたり、川とつながっていないため、水の動きがほとんどない。しかも、水深が深く、湖底には酸素がないため、湖底堆積物《たいせきぶつ》をかき乱す生物もいない。そうした水月湖の特殊な環境のおかげで、長きにわたってきれいな年縞が残されていたのだ。

海底のボーリングで得られた地層の調査と微化石や**化学組成**《そせい》などの分析が進められており、過去7万年間をたどる世界標準の地層年代スケールとなりつつある。

一口メモ

ボーリングコア　地下に円筒状の孔《あな》を掘削《くっさく》していくことを「ボーリング(boring)」という。温泉や石油などを採取するために行なわれる。地質調査を目的とする場合、パイプを回転させて掘り進めながらパイプ内の岩石や地層をまるごと採取する。これが円柱形のボーリングコアである。

たとえば、姶良Ｔｎ火山灰層は３万９年前とわかった。放射性炭素を用いた年代測定法でさえ百年程度の誤差は生じてしまうのだから、１年単位で過去を遡《さかのぼ》れることが、いかに驚異的であるかわかるだろう。

◉恐竜時代の年縞

水月湖のような湖は過去にもあったはずだ。湖底でできたきれいな地層が残っていれば、大昔の気候変動を読み解くことができるのではないだろうか。

うまいことに、恐竜時代の湖でできた地層が、モンゴル南東部、広大なゴビ砂漠のはずれにあった。

中生代白亜紀の湖底堆積物「**シネフダグ湖成層**」は、泥とドロマイトが互いに重なりあった地層（互層）で、きれいでリズミカルなしまをつくっている。

しかし、露出している地層は、ゴビの強い日差しと風雨にさらされてボロボロに風化している。そこで、風化していない地層を連続的に採取しようと、この地層の上にやぐらを立て、ボーリング掘削《くっさく》が行なわれることになった。

モンゴル湖成層
ボーリングコアの写真

コアサンプルの幅 4.5cm
写真提供：長谷川精博士

一口メモ

太陽の黒点周期［太陽活動周期］ 太陽表面に現われる黒点の数は、約11年周期で増減を繰り返している。太陽活動が活発であるほど黒点の数は多くなる。88年や200年程度の長い周期も見つかっているが、その理由はわかっていない。

果たして、地下から掘り出された地層には、水月湖で見られるような細かいしま（葉理：**ラミナ**）がはっきりと残っていた。どうやら年縞のようだ。1億年以上も昔の地層に、1年単位で堆積する物質が変動する様が記録されているのだから驚きだ。

化学組成を分析してみると、カルシウムや鉄などの元素量が変動しており、その周期が11年だとわかった。11年といえば、太陽の黒点周期ではないか。なんと、太陽活動が湖底堆積物に影響していたということだ。

1年刻みの細かいしまだけでなく、大きなしまも残っていた。それは、数千年〜数万年といった長い周期の湖水位の変動、つまり、湿潤《しつじゅん》と乾燥を繰り返す気候変動に対応していると考えられる。それは太陽活動や地球軌道の変動（**ミランコビッチサイクル**）に起因しているかもしれない。湖底に乱されることなく降り積もってできた地層から、恐竜時代の環境変動が解明されようとしている。

痕跡を追う地球科学
06

残された独特の模様や形……そこはどんな海底だったのか

▼海の痕跡

◉マグマがあふれた海底のあと

カニやサンマなどで有名な北海道根室の花咲港を一望する花咲灯台の下に、国の天然記念物「根室車石《ねむろくるまいし》」がある。

車石とは車輪のような形をしている石をいい、根室車石はひときわ大きく、直径6mほどもある。付近の崖を見ると小さい車石がいっぱいで、チューブのような形になった溶岩流や、その断面などを目にすることができる。このような溶岩を**枕《まくら》状溶岩《じょうようがん》**という。

溶岩流が水の中に入っていくと、表面が急冷されて固い殻ができる。しかし、中は融《と》けたままだから、後ろから流れてくる溶岩流に押され、表面の殻を破って、歯磨き粉をチューブから出すように流れ出る。それがまた海水によって急冷されて固い殻をつくる。

この繰り返しによって、溶岩流はまるで枕を重ねたような形となる。したがって、枕状溶岩があるということは、そこがかつて水中であった証拠となるのだ。

一口メモ

放散虫［ほうさんちゅう］ 珪酸《けいさん》分（シリカ、SiO_2）の殻をもつ単細胞の動物プランクトン。古生代カンブリア紀に出現し、現在に至るまで、形態を多様に変化させてきているため、地層の年代決定に役立つ。

枕状溶岩は、各地で見られ、景勝地となっていることも多い。珍しいものではないのだが、少々地味だから、大きく取り上げられることがないのだろう。

じつは、海底は枕状溶岩だらけである。なぜかといえば、中央海嶺《かいれい》ではどこでも非常に似た化学成分の玄武岩質のマグマが噴き出しているからだ。

海底に噴き出してできた枕状溶岩が、**プレート運動**で横に移動していく。その上に次第に堆積物が降り積もって見えなくなってしまうが、下には枕状溶岩があるのだ。そして、いつか海洋プレートは大陸プレートにぶつかる。

したがって、日本各地で枕状溶岩は見られる。プレート運動で運ばれてきた海洋底の枕状溶岩が地層の中に残っているのだ。

ただ、玄武岩は変質しやすく、緑っぽい岩石になることが多いため、**緑色岩**《りょくしょくがん》と呼ばれる岩石に変わっていることが多い。

それでも独特の模様や形を残し、そこが溶岩が流れ出た海底であったことを教えてくれるのである。

◉マリンスノーが降った深海底のあと

チャートという岩石は、とても緻密《ちみつ》で硬く、風化や磨耗がしにくい。かつては石器や火打ち石に利用されたりしていた。

チャートは、ほとんどシリカ（SiO_2）という成分からなり、微細な石英《せきえい》の集合

枕状溶岩

玄武岩の溶岩が俵《たわら》あるいは枕のように積み重なっている（北海道根室市。141 ページ参照）

著者・西本撮影

チャートの露頭

日本ライン下りで有名な木曽川に露出する赤茶けた岩石はチャートである（岐阜県各務原《かかみがはら》市）

著者・西本撮影

一口メモ

炭酸塩補償深度［たんさんえんほしょうしんど：CCD］ 炭酸塩は海が深くなるにつれて溶けやすくなる。そこで、炭酸塩が溶け始める深度を、炭酸塩補償深度（CCD）という。海域によっても違いがあるが、太平洋では、約3,500～4,000 m。大西洋では、約4,500～5,500mくらいといわれている。

体といってよい。泥質《でいしつ》層と交互に積み重なって、しま模様が発達していることも多く、**層状チャート**と呼ばれることがある。

層状チャートをフッ酸で腐食させると、細かいぶつぶつが見えてくる。**放散虫**《ほうさんちゅう》というシリカの殻をもった海のプランクトンの遺骸《いがい》が降り積もってできたものだ。海には、炭酸カルシウムの殻をもつ生物が多いのに、そのような化石がまったく含まれていない。

海には放散虫《ほうさんちゅう》しかいなかったということなのだろうか。そんなことはない。海の中では主にプランクトンなど生物の死骸が降っており、**マリンスノー**と呼ばれる。その中には炭酸カルシウム（石灰質）の殻もたくさんあるのだが、水深約4000mよりも深くなると、溶けてしまうのだ。放散虫の殻はシリカでできているので溶けることはなく、深海底には放散虫の殻ばかりが残ってしまうわけである。

つまり、チャートができた場所は、4000mより深い深海底だったということになる。陸から遠くはなれた海なので陸から運ばれてくる土砂もほとんどない。

ところで、チャートの放散虫の種類を調べることで、年代を推定できる。チャートの厚さと年代から堆積速度を計算すると、千年に数㎜以下となる。それほどゆっくり降り積もってきたのだ。

日本ライン下りで有名な木曽川には、チャート露頭が続くエリアがある。いったい何万年分のマリンスノーだろうか。

青島の「鬼の洗濯岩」

宮崎県日南海岸青島の「鬼の洗濯板」。直線状に見えるのは、砂泥互層が波で侵食され、階段状になっているため。
写真提供：宮崎市観光協会

◉海底地すべりのあと

紀伊半島、四国、南九州それぞれ南部の海岸には、砂岩《さがん》と泥岩《でいがん》が交互に重なる地層（砂泥互層《さでいごそう》）が露出している。宮崎県日南海岸の「鬼の洗濯板」は、硬さの違う砂岩と泥岩を波が削ってできた景観である。

高知県の室戸《むろと》岬あたりで見られる砂泥互層は、大規模にぐにゃぐにゃ変形しており、細かい平行のしまの見える湖成層とは対照的に、ダイナミックな印象だ。プレートの運動によって砂泥互層が陸に押しつけられたり隆起したりしたときに大きな力を受けたのだろう。

広いところでは大きな褶曲に目が行ってしまうが、地層を観察してみると下から上に向かって堆積物の粒子サイズが細かくなっていることに気づく。これを**級《きゅう》化《か》**という。

砂と泥が交互に積もったのではなく、一度に積もったということだ。コップに土砂と水を入れてかき混ぜて放置すると、粒が大きな砂ほど先に沈んで、軽い泥はなかなか沈まないのと同じ。つまり、かき混ぜられた砂や泥が堆積してできる地層なのだ。砂と泥の層は1セットなのである。

一口メモ

級化層理［きゅうかそうり］ 砂と泥を混ぜ合わせて放置すると、粒の粗い砂が先に沈み、粒の細かい泥ほどゆっくり沈む。このため、下から上に向かって粒子が細かくなる地層となる。これを級化層理という。

浅い海底の急斜面の堆積物は、ちょっとした衝撃で崩れやすく、砂や泥と海水が混ざった密度の高い流れ「**混濁流**《こんだくりゅう》（**乱泥流**）」となる。混濁流が、海底の斜面を流れ降りた深いところで再堆積したのが**タービダイト**である。いわば海底地すべりのあとである。

◉サンゴ礁の痕跡

山口県の秋吉台は日本最大の石灰岩の塊である。石灰岩は炭酸カルシウムからできている岩石で、セメントなどの原料に利用される。

秋吉台には、「カルストロード」というドライブコースがあって、石灰岩の露出が点在する独特の景観の中を走ることができる。地表にはドリーネと呼ばれる窪地が、地下には鍾乳洞があり、石灰岩が雨水で溶かされてしまう性質であるためにできる**カルスト地形**である。

カストロ地形は特異な地形であるため景勝地になっていることが多く、秋吉台のほか、四国カルスト、福岡県の平尾台、伊吹山《いぶきやま》、武甲山《ぶこうさん》など印象的な風景をつくっている。水墨画のような絶壁のある景観で有名な中国の桂林も、カルスト地形のスケールアップ版といったところである。

石灰岩をよく見ると、サンゴ、三葉虫、アンモナイト、腕足《わんそく》動物など、様々な化石が含まれていることが多い。化石が多く見つかれば、年代は調べやすい。秋吉台

カルスト地形

草原の中に白く露出しているのが石灰岩である。石灰岩が雨に溶かされてできる独特の地形。
写真提供：一般社団法人美祢《みね》市観光協会（山口県）

をつくる石灰岩ができたのは、古生代石炭紀〜ペルム紀（約3億年前）だとわかっている。

石灰岩から化石がたくさん見つかるのは、もともとサンゴ礁だったからである。現在でもサンゴ礁には、世界の海に生息する動物50万種のうち4分の1が棲《す》んでいるといわれ、豊かな生態系がつくられている環境である。

サンゴの骨格や、貝、有孔虫《ゆうこうちゅう》、石灰藻など、炭酸カルシウム（石灰質）の骨や殻をもった生物の遺骸《いがい》が、積み重なってできたのだ。そもそも生物の遺骸の集まりだから、化石だらけなのは当然のことである。

かつてはサンゴが主役ではなかったこともある。サンゴが少ないのに「サンゴ礁《しょう》」というのは変だから「生物礁」と呼ぶのが正しい。

石灰岩は、生物礁の痕跡なのだ。もとは生物が豊かな常夏の美しい島だったのだろう。それがプレート運動によって移動し、長い年月を経て地表に現われ、雨で削られて秋吉台のようなカルスト地形をつくった。独特な山々は、無数の生命と地球の営みがつくりあげた景観なのである。

COLUMN

数千年に１回程度の頻度で起こる破局噴火

大量のマグマが一気に噴出する破壊的な噴火を「破局噴火」もしくは「巨大噴火」という。2002年に刊行された石黒耀氏による近未来小説『死都日本』で、霧島火山の噴火で生じた巨大火砕流が九州南部の都市をおおい、壊滅的な被害を及ぼすというショッキングな様子が描かれ話題になった。

それ自体はフィクションであるとはいえ、破局噴火が日本列島で実際に起こっている事実は、地層を観察することで確認されている。

破局噴火によって大量のマグマが噴出してしまうと、地下のマグマ溜《だ》まりが空洞化するので、そこに落ち込む形で地表が陥没する。こうしてできた地形を「カルデラ」という。

阿蘇山の広大なカルデラも、約９万年前の破局噴火でできた。また、約7300年前には、鹿児島県の屋久島近くの海底火山が破局噴火を起こし「鬼界《きかい》カルデラ」ができた。このとき流れ出た火砕流によって南九州の縄文人文化を壊滅させたことがわかっている。

134ページで紹介した姶良《あいら》カルデラも同様であり、地表の形を一変させるような破局噴火は、日本で数千年から１万年に１回程度の頻度で起こっているのである。

第❺章 事件を探る地球科学

～地球史に残る大事件の背景～

巨大隕石が衝突したことはいかにして証明されたのか

▼隕石衝突事件

◉K／Pgのイリジウム

恐竜が滅んだのは**隕石衝突**が原因だということは、最近では子どもでも知っているくらい有名だ。しかし、この学説の根拠を知る人は意外に少ないようである。

中生代白亜紀末の地層からは、恐竜だけでなく様々な生物の化石が出てくるのに、新生代になった途端、突然出てこなくなる。大絶滅事件の解明には、2つの時代の境界層が鍵となるはずだ。

この境界が「**K／Pg境界**」である。Kは**白亜紀**、Pgは**古第三紀**を表わす（以前はK／T境界と呼んでいたが、時代名の変更があり、K／Pgと呼ぶようになった）。

〝突然〟とはいっても、地球科学的な時間スケールでのことだから、実際には、数百万年かけて絶滅が徐々に進行したのかもしれない。どのくらいの時間をかけて絶滅が進行したのか、どうすればわかるのだろうか。

アメリカの地質学者**ウォルター・アルバレス**とその父親でノーベル物理学賞受賞者の**ルイス・アルバレス**は、イタリアの中央部にある伝統都市グッビオの白っぽい

一口メモ

白金族元素［はっきんぞくげんそ、PGM］ ルテニウム、ロジウム、パラジウム、オスミウム、イリジウム、白金の6元素の総称。酸やアルカリにおかされにくく、融点が高いなど、物理・化学的性質が似ているため、同じ族として扱われる。

石灰岩の地層にはさまれた、厚さ1cmほどの灰色の粘土層に目をつけた。その粘土層こそが「K／Pg境界」であり、化石はまったく出てこなかった。

この粘土層が何年かかって堆積したのかわかれば、生物がほとんどいなかった期間がわかる。絶滅が急激に進行したのか、ゆっくりと進行したのかわかるはずだ。

そこで考えついたのが、**白金族元素**の濃度を堆積速度の指標にすることだった。

白金族元素は地表にほとんどないが、宇宙から一定量が地球に降り注いでいる。もし、地層がずっと同じ速さで堆積してきたのであれば、その地層に含まれる白金族元素の濃度は変わらず一様なはずだ。

しかし、短時間に粘土が堆積する事件が起こったのであれば、白金族元素は薄められて濃度は相対的に小さくなるはず。そう考えた彼らは、白金族元素のなかでも分析しやすいイリジウム濃度を調べることにしたのだ。

ところが、分析結果は予想に反していた。粘土層に含まれていたイリジウムは、通常の30倍と、異常といえるほど多く含まれていたのである。

しかも、イタリアだけでなく、デンマークとニュージーランドのK／Pg境界でもイリジウムが多く含まれていた。ということは、宇宙起源のイリジウムが地球全体に撒《ま》き散らされる事件が起こったと考えざるを得ない。

これらの証拠をもとに、1980年、ウォルター・アルバレスらは国際科学誌「サイエンス」に、中生代末に恐竜といった多くの生物が絶滅したのは隕石が衝突

一口メモ

スフェルール　スフェルールとは球状の粒子のことである。融けた物質が空中で固まってできるが、後から変質して再結晶している場合もある。隕石衝突の際に飛び散った物質であったり、宇宙塵が大気圏突入により溶融した物質であったりする。隕石衝突で溶融・飛散したものだといえる場合は「マイクロテクタイト」と呼ぶこともある。

したためだという学説を発表した。直径10㎞くらいの隕石衝突が起こって、イリジウムが世界中に撒き散らされたと結論づけたのである。

「地球はゆっくり変化し続けてきた」と考える**斉一説**《せいいっせつ》（42ページ参照）が広まっていたところに、激変があったとする隕石衝突説は衝撃的で、大論争を巻き起こした。

しかし、その後も同様の粘土層が世界中から見つかり、年代も一致した。粘土層からは**スフェルール**、衝撃石英《せきえい》、**イジェクタ層**、大量のススなどが見つかり、いずれも隕石衝突説を支持するものであった。

スフェルールは、隕石衝突のときに岩盤が融けて宇宙空間まで飛び散り、急冷されてガラス質となった粒子（マイクロテクタイト）が風化したものだと考えられる。大量のススは隕石衝突後に大規模な火災があったと考えられる。

巨大隕石の衝突で引き起こされた巨大津波によってできた堆積物や、隕石衝突による飛散物の堆積物「**イジェクタ層**」も見つかった。

犯人は隕石で決まりのようだ。しかし、隕石衝突現場だけがわからなかった。

◉衝突現場を突き止めた！

ライフルの銃弾より速いスピードで隕石が地表に衝突すると、隕石自体だけでなく、衝突された地球表面も粉々に砕けて巨大なクレーターが形成される。

一口メモ

イジェクタ層　隕石衝突の際には、隕石自体が砕けるとともに、激しい衝突を受けた地球の物質も砕けて遠方まで飛び散る。これらの飛散物が広範囲にわたって降り積もってできる地層のことを「イジェクタ（=ejecta：噴出物）層」と呼ぶ。

数千万年にもわたる侵食によって徐々に削られてしまうとはいえ、直径10㎞以上の隕石が高速で大陸に衝突したのであれば、クレーターの痕跡くらいは残っていそうなものだ。そこで、白亜紀末のクレーター探しが始まった。

手がかりは地層にあった。衝突起源と考えられる多くの物的証拠が発見されるカリブ海からメキシコ湾沿岸域が疑われた。ハイチ、メキシコ、テキサスなどではK／Pg境界層の厚さが数十㎝から数ｍと分厚かったので、近くで巨大津波が起こったと考えられた。

メキシコのユカタン半島の地下にあった半径約200㎞の円形の構造が容疑者となった。それは、石油探査を目的とした調査で見つかっていた地下構造で、地表に現われているわけではなかった。

となると、地下から証拠を取り出す必要がある。うまいことに、石油探査のため掘削《くっさく》されたボーリングコア（139ページ「一口メモ」参照）があったので丹念に調べたところ、地表から深さ1～2㎞の基盤岩直上に隕石衝突のときに融けて固まったと思われるガラス質の粒子が見つかった。

それが、ハイチのK／Pg境界層のマイクロテクタイトと化学成分と年代が一致したのである。地下に埋もれていた円形構造はクレーターだと結論づけられ、**チチュルブ・クレーター**と命名された。

こうして、約6600万年前の隕石衝突現場が突き止められた。

岐阜県坂祝町で発見されたイジェクタ層

写真提供：尾上哲治博士

◉日本にもあった隕石衝突の痕跡

日本でも巨大隕石の衝突があった証拠が見つかっている。

ただし、恐竜が絶滅した中生代白亜紀と新生代古第三紀のK／Pg境界ではなく、三畳紀とジュラ紀の境界（約2億1500万年前）の地層から見つかったイジェクタ層（153ページ一口メモ参照）だ。

岐阜県美濃加茂市《みのかも》から愛知県犬山市にかけての木曽川沿いには、赤茶けた岩肌が露出している。ドイツのライン川に似ていることから「日本ライン」と呼ばれ、川下りなどを楽しむことができる景勝地となっている。

岩肌は大半が**チャート**と呼ばれる岩石で、かつての深海底に降り積もった放散虫《ほうさんちゅう》というプランクトンの殻が固まってできた地層だ。周囲の岩石が侵食されても、硬いチャートの部分だけが侵食されずに残ってしまい、独特の景観をつくっている。

熊本大学の大学院生だった佐藤峰南博士と指導教官だった尾上哲治博士らは、岐阜県坂祝町《さかほぎちょう》の木曽川に露出するチャート層にはさまっている、厚さ数cmほどの薄い粘土層を発見（写真参照）。その層をくわしく調べると、隕石の衝突によってできたスフェルールを多数含んでいることや、イリジウムが異常に濃集していることを発見した。隕石衝突でできたイジェクタ層に違いないと思った。

ただし、イリジウムは火山活動で飛散することもあるため、隕石衝突説を揺るがないものとするために、**オスミウム**（Os）という元素の分析をすることにした。オスミウムは、イリジウムと同じく白金族元素で、地表の岩石には少なく、隕石には比較的多い。そして、隕石のオスミウムの同位体比（^{187}Os／^{188}Os）は、地球の岩石と比べて低いことが知られている。その結果は予想どおり低い値であった。隕石の衝突により大量の白金族元素が飛び散り、衝突地点から遠く離れた深海底に降り積もったことを意味するものであった。

隕石衝突の証拠が見つかったといっても、そこが衝突地点というわけではない。衝突地点の候補は、形成年代からみて、カナダ・ケベック州のマニクアガン・クレーター（直径１００km）だと考えられた。

そこで、オスミウム同位体比に基づく計算を試みると、衝突した隕石の直径は約３〜８kmと推測され、矛盾しないことがわかった。つまり、このクレーターができたときの隕石衝突で飛び散った物質が、岐阜県坂祝町の地層の中に残されていたと解釈できるのである。

このように、隕石衝突事件を解き明かしていくための手がかりは、身近にある地層の中に残されている。その痕跡を見出したのは、地層を丹念に調べた若き研究者の努力の賜物《たまもの》である。

事件を探る
地球科学
02

古生代末に何が起こったのか

▼史上最大の絶滅事件

◉隕石が衝突したのか

中生代末の大絶滅の原因が隕石衝突だとわかると、古生代末の大絶滅も隕石衝突が原因ではないかと疑われた。

中生代と新生代の境界（**K／Pg境界**）では、絶滅した生物種の割合は約75％といわれる。それに対して、古生代と中生代の境界（**P／T境界**）では、殻や甲殻のような硬組織をもつ**海生無脊椎《せきつい》動物**は種の数でいえば、9割以上が姿を消したと考えられている。

絶滅した生物の割合を化石から推測することは困難であるが、生物の種類ががらっと変わってしまったことは間違いない。生物進化に対するインパクトは古生代末の大絶滅のほうがずっと大きい。

中生代三畳紀初期の地層からは化石がとても少なく、生物が少ない時期が相当長く続いたようである。オーストラリアでは、ペルム紀にできた地層からは石炭が大量に見つかるのに、中生代三畳紀の地層からは石炭がわずかしか見つからない。

古生代以降5回あった大量絶滅

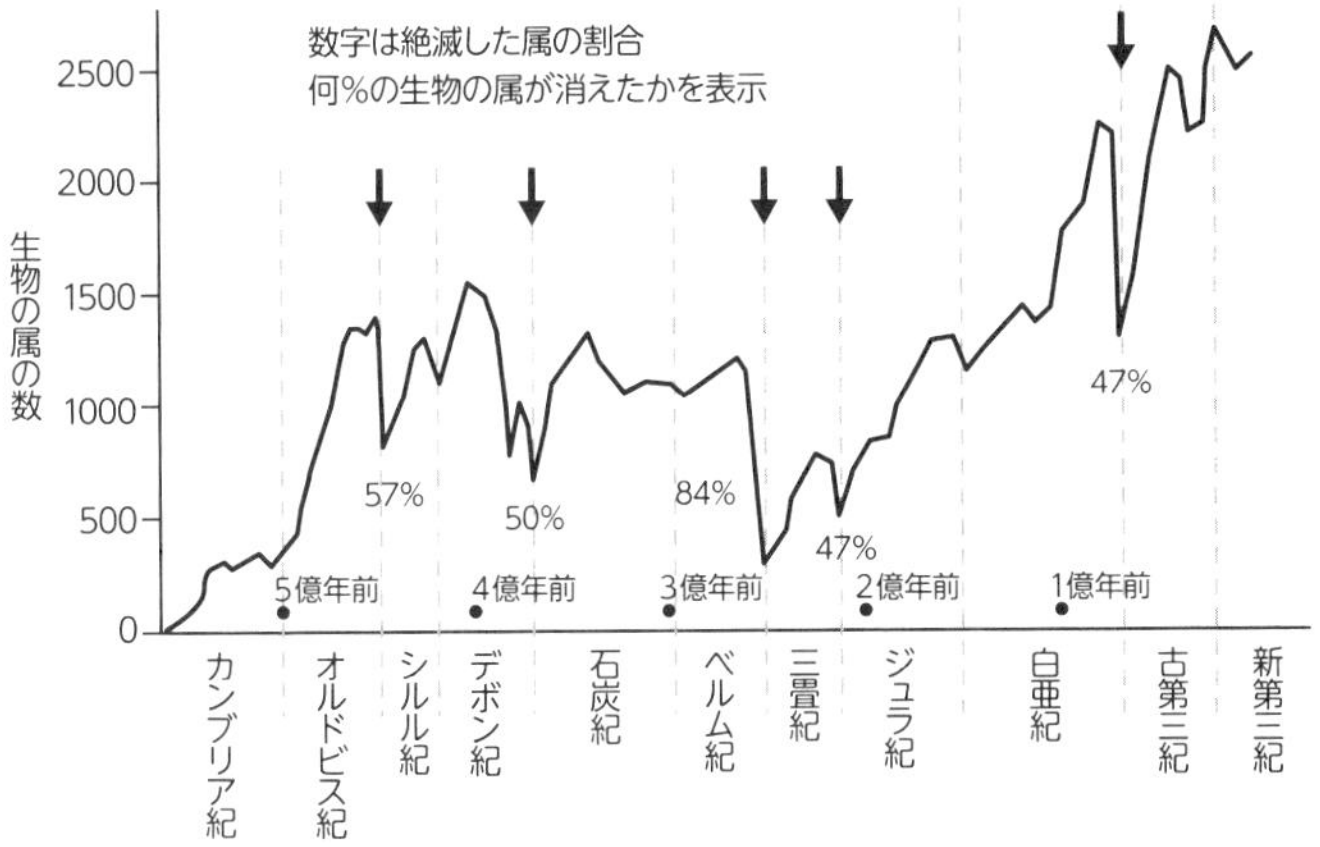

Ｐ／Ｔ境界は、Ｋ／Ｐｇ境界の大絶滅よりも大きな隕石が衝突したのではないか。当然そう考えられた。

そのとき何が起こったのか知るためには、そのときにできた地層を観察したいところだ。ところが、不思議なことに、Ｐ／Ｔ境界をまたぐ地層は少ないというのだからミステリアスである。

偶然なのか、必然なのか、古生代の地層が重なるグランドキャニオンでは、一番上がペルム紀の地層で終わっている。

その上に積もった三畳紀初期の地層は、アメリカ・ユタ州などに露出しているのだが、ちょうどＰ／Ｔ境界だけが見当たらない。どうやら、その頃、海水準が下がって、地層が積もりにくい陸上になっていたようだ。

それでも地球科学者は、Ｐ／Ｔ境界のある地層を探し当ててはイリジウムを分析してみた。しかし、たいした濃度は検出されなかった。隕石が衝突したという説は、仮説の域を脱することができず、他の説も決定打がなかった。

１９９３年、スミソニアン自然史博物館のアーウィン博

一口メモ

中生代と新生代の境界［K／Pg 境界］ 古生代と中生代の境界（P／T 境界）で、生物の森林の主役はシダ植物から裸子植物へ変わった。陸上動物は、単弓類と爬虫類の多くが絶滅し、約 2000 万年後に恐竜と哺乳類の祖先が現われた。生物進化における重大な転換点といえる（156 ページ参照）。

士は、原因は1つではなく、様々な要因が相互に絡み合って絶滅を引き起こしたのではないかと考えた。どの要因もが犯人といえる意味で「オリエント急行殺人事件」説と呼ばれた。

◉深海が酸欠になった記録

古生代末の謎を解くヒントも、木曽川沿いに露出するチャートにあった。この地域のチャートは赤茶けた色をしていることが多いが、一部に粘土を多く含んだ黒っぽい層がはさまれている。色の違う層では鉄分の存在形態が違う。すなわち、赤っぽい部分では「赤鉄鉱」、黒っぽい部分では「黄鉄鉱」として含まれている。

赤鉄鉱は鉄に酸素がくっついてできる鉱物、黄鉄鉱は酸素の代わりに硫黄と鉄がくっついた鉱物である。つまり、チャートの色の違いは、できたときの酸素量の違いを示しているのではないか。赤茶けたチャートが堆積したときは酸素がたくさんあり、黒っぽいチャートが堆積したときは酸素が少なかったと考えられた。

さらに、黒っぽいチャートには、たくさんの有機物も含まれている。酸素が豊富にある環境では有機物は分解されて残らないため、有機物が多いということは酸素が少なかったことを裏づけている。

このような視点から日本とカナダのチャートを調べ、ペルム紀末の生物の大量絶

シベリア洪水玄武岩の分布

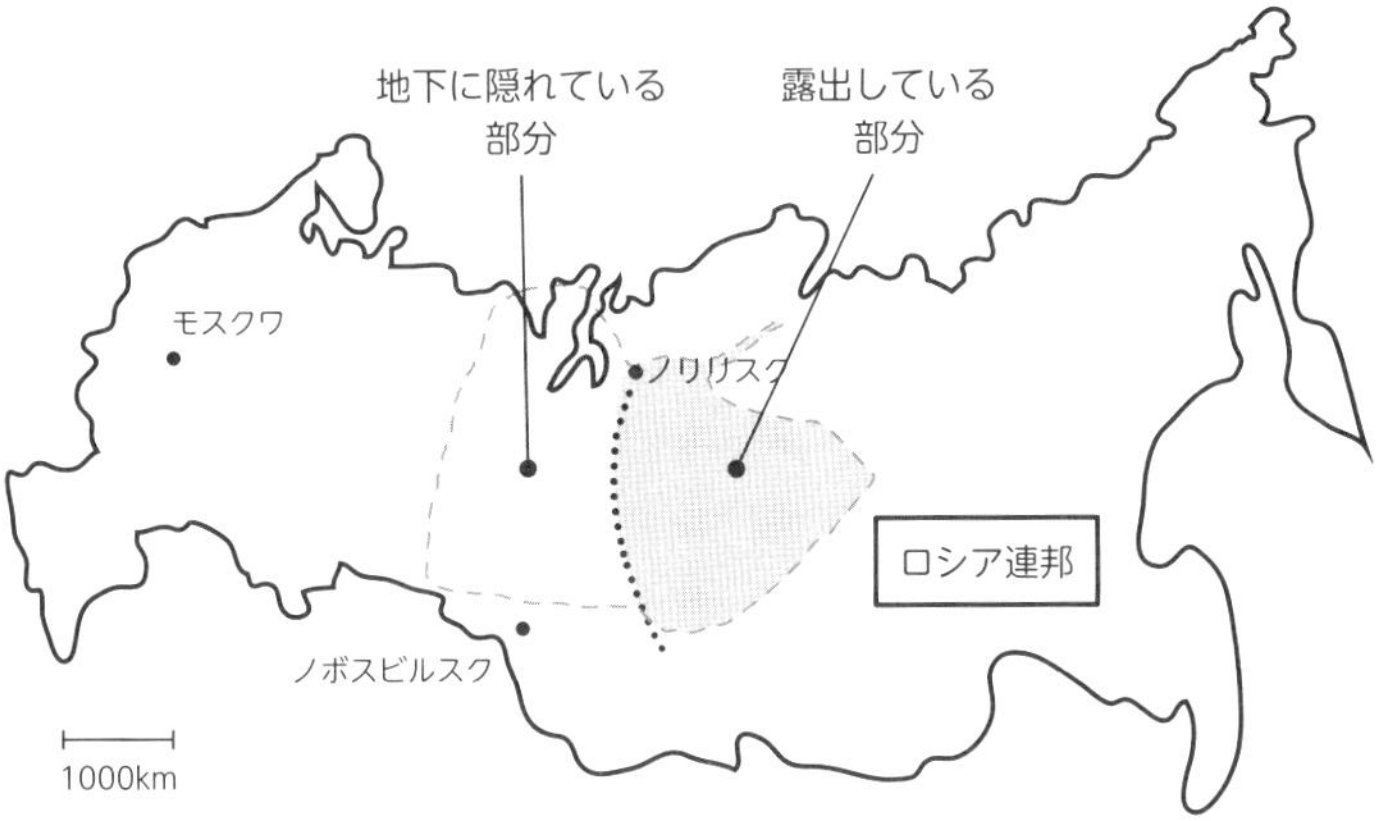

広大な面積を短期間で噴火した玄武岩が覆い尽くしている。

滅があった頃の地層に黒っぽいチャートが多いことを突き止めた東京大学の磯崎行雄教授は、当時の深海底が1500万年にもわたって酸欠状態になったことが大絶滅をもたらしたと主張した。

これほど長期間にわたって海洋を無酸素状態にしてしまうメカニズムはよくわからないが、生物絶滅の危機が深海にまで及んでいたことは間違いないだろう。その原因が隕石衝突でないなら、他の原因は何だろうか。

◉シベリアン・トラップ

最大の容疑者は巨大噴火となった。ちょうど、その頃、大規模な火山噴火があったことがわかっていたからだ。

ロシア・シベリアの台地には700万㎢以上という、あまりに広大な面積を玄武岩がおおっている。ハワイのキラウエア火山の噴火を見ればわかるが、**玄武岩質マグマ**の噴火は比較的穏やかで、火山灰を成層圏まで噴き上げるような爆発的な噴火をすることはない。つまり、洪水のように流れ出た玄武岩の溶岩が繰り返し積み重なることで層をつくっているので、**シベリア洪水玄武岩**と呼ばれる。

英語では**シベリアン・トラップ**と呼ばれることがあるが、ここでいうトラップは罠《わな》という意味ではない。飛行機のタラップと同じく「階段」を意味するスウェーデン語に由来するらしい。噴火の繰り返しによって積み重なった玄武岩の層が侵食されると階段状になるからだろう。

シベリアン・トラップの玄武岩の噴出年代は、およそ2億５０００万年前（ペルム紀末）で、生物が大量絶滅の大量絶滅の起きた時期と一致するのだ。これほど大量のマグマがほんの１００万年ほどで噴出するというのは、尋常なことではない。シベリア洪水玄武岩をもたらしたスケールの大きな火山活動が、生物の大絶滅の容疑者として浮上してくるのも当然といえるだろう。

このような巨大噴火が大量の火山灰や火山ガスを放出し、大規模な気候変動を引き起こすであろうことは想像される。放出された二酸化炭素によって温暖化も進んだであろう。どうやら、巨大噴火が発端となったのではないかという容疑が深まっていった。

それでも、結論はまだ出ているとはいえない。地球科学者は、決定的証拠を求めて、世界中の地層や岩石を調べている。

事件を探る
地球科学
03

地球が凍りついたことはいかにして証明されたのか

▼全球凍結事件

◉赤道直下のドロップストーン

氷河は、通常1年間で数mというスピードでゆっくりと流動している。その過程で岩盤から削りとられた岩石は、氷河の上に乗って長い距離を運んでいく。やがて氷河が融けると、その岩石はできた場所から遠く離れたところに残される。これが**迷《まい》子《ご》石《いし》**だ。

迷子石が、海底に落ちてしまったものは地層の中から見つかり、**ドロップストーン**と呼ばれる。ドロップストーンが見つかると、その地層ができたときに氷河があったことがわかる。

オーストラリア南部に約6・5億年前頃（原生代後期）のエラティナ層という地層がある。細かいしま模様が見られ、ウェーブリップル（128ページ「一口メモ」参照）が見られることから、浅い海に溜まった堆積物だと考えられる。

その地層の中にドロップストーンがあるのだ。そのため、この頃に大氷河時代があったらしいといわれていた。

カナダ・オンタリオ州に見られる約22億年前の氷河堆積物（ドロップストーン）
写真提供：東京大学大学院理学系研究科

ただ、不思議なことに、**古地磁気**を調べてみると、地層ができたのは赤道直下あたりという結果になったのである。最も暖かい場所であるはずの赤道域の海に氷河があったとしたら、地球全体が凍りついたということになってしまう。

もしそんなことになったら、地球は真っ白になってしまい、太陽光を反射しやすくなって、ますます温まりにくくなり、永遠に凍りついたままになってしまうのではないか。現在の地球が凍りついていない以上、**全球凍結**があったと考えるのは無理があるのではないだろうか。

カリフォルニア工科大学のカーシュビンク教授もそんな懐疑的な研究者の１人であった。そこで、エラティナ層の古地磁気を自ら正確に測定したところ、エラティナ層ができた場所は赤道付近という結論に至り、逆に実証してしまうことになってしまった。

驚いた彼は、地球全体が凍結したはずだと考え直し、１９９２年、全球凍結（**スノーボールアース**）という仮説を発表したのである。

一口メモ

全球凍結［ぜんきゅうとうけつ／スノーボールアース］ 地球全体が赤道付近も含め完全に氷床や海氷におおわれた状態のこと。「スノーボールアース現象」とも呼ばれる。地球全体が氷におおわれるため、結果的にほとんどの生物が死に絶えたと考えられている。

◉氷河堆積物の上に温暖環境でできる地層

その後、ハーバード大学のホフマン博士は南アフリカにあるナミビアの地質調査を行ない、全球凍結があったとされる約8～6億年前の地層からドロップストーンを含む氷河堆積物を報告した。

不思議だったのは、この氷河堆積物のすぐ上を石灰岩などの**炭酸塩岩（キャップカーボネート）**がおおっていることであった。

炭酸塩岩というのは、ふつう熱帯域から亜熱帯域の海水中で沈澱するものである。したがって、寒冷気候を示す氷河堆積物の直上に炭酸塩があるということは、寒冷気候から熱帯気候に急変したと考えるしかない。

しかも、その炭酸塩岩の炭素同位体比を調べてみると、氷河期直後に火山ガスと同じくらいの値にまで低下していたのである。

どういうことかというと、地層中の炭素のほとんどが、もともと火山ガスに含まれている二酸化炭素に由来しており、生物が関与した炭素はほとんどないということだ。言い換えると、生物活動がほとんどなかったことを意味している。

つまり、世界中の海が凍結していたせいで生命活動は停止状態に陥り、火山活動によって放出された二酸化炭素は海に溶け込むことができず、大気中に蓄積されていったと解釈できる。やがて、二酸化炭素の温室効果によって気温が上昇し、氷が融けていったと考えられるわけだ。

1998年に、こうした内容の論文が、国際学術誌「サイエンス」に発表されると、全球凍結の仮説は注目を浴びるようになり、大論争となった。

全球凍結があったのなら、液体の水がないと生きていけない生物がいまでもちゃんと生き延びているというのは、どういうことだろうか。

わずかながらも凍結しなかったところがあったに違いない。たとえば、海底から熱水が噴き出している場所では、完全に凍りつくことはなかったと考えられる。おそらく、そうした限られた場所で、一部の生物が細々と生きながらえたのではないだろうか。

全球凍結は、約22億2千万年前、約7億年前、約6億5千万年前の少なくとも3回起こったと考えられている。それらが、大気中の酸素濃度増加、真核生物の出現、多細胞動物の出現とタイミングが合うことから、全球凍結との関連があるのではないかと考えられている。

全球凍結が起こらなかったら、生物進化はまったく違ったものになっていたのかもしれない。しかし、なぜ全球凍結が起こったのか。古い時代のことゆえ証拠探しも難しく、その理由はよくわかっていない。

事件を探る
地球科学
04

1万年前の超温暖化前に起こった寒冷化

▼ヤンガードリアス寒冷化事件

◉温暖化の矢先に起こった〝寒の戻り〟

森林限界を超えた高山や寒冷な地域で白い花を咲かせる「チョウノスケソウ」というバラ科植物がある。

その名前は、発見者の須川長之助に由来するという。欧米ではドリアス（ドライアス）といい、地層から見つかるその花粉は、古くから寒冷な気候の指標になってきた。

スウェーデンやデンマークにおいて地層に埋もれている花粉を調べていくと、ドリアスの花粉が多い層が3つあり、それらの層ができたときは氷期だったと考えられる。

新しいほうから、**ヤンガー・ドリアス期**（1万2900年前頃から1300年間程度）、**オールダー・ドリアス期**（1万4000年前頃以降の300年）、**オールデスト・ドリアス期**（1万8000～1万5000年前頃）と命名されている。

なかでも、ヤンガー・ドリアス期は、最終氷期が終わって温暖化が始まった矢先

一口メモ

須川長之助［すがわ ちょうのすけ／ 1842 ~ 1925］ ロシアの植物学者マクシモヴィッチに雇われ、日本で植物採集を手伝った。マクシモヴィッチは長之助が 1889 年に富山県立山で発見した植物を学会発表しようとした矢先に死去。その後、植物学者リンネが「*Dryas octopetala*」と命名。1895 年、牧野富太郎によって和名が「チョウノスケソウ」と発表された。

に、ヨーロッパや北アメリカなどの広い範囲で突如寒冷化が起こった時期としてよく知られている。ちょうど人類が農耕を始めたり、マンモスなどの大型陸生哺乳類の多くが絶滅した時期とタイミングが合うこともあって、重大な気候変動として注目されている。

◉氷に閉じ込められた過去の空気

せいぜい1~2万年前のことなら、どこかに気候変動のくわしい記録が残されていないだろうか。

科学者が目をつけたのは地層ではなく、氷の層（氷床）である。

氷床とは、降り積もった雪が固まってできた大陸をおおう厚い氷で、無数の気泡が含まれている。雪の隙間にあった空気が閉じ込められたもの。つまり、氷床中の気泡は過去の空気そのものであり、当時の大気を直接調べられるというわけだ。

氷から過去の気温も推定できる。水（雪）をつくっている酸素同位体比が指標となる。またもや出てきた同位体比（53ページ「一口メモ」参照）。環境条件によって変化するので、地球科学ではよく利用される。

酸素には、重い酸素原子（^{18}O）と軽い酸素原子（^{16}O）がある。気温が高いほど重い酸素原子を含む水（H_2O）が蒸発しやすくなるので、大気中の水蒸気に重い酸素原子が増える。その結果、水蒸気からできる雪にも重い酸素原子の割合が増えて

グリーンランドの氷床コア*から得た気候変動

＊グリーンランドの氷床を掘削した氷のサンプル

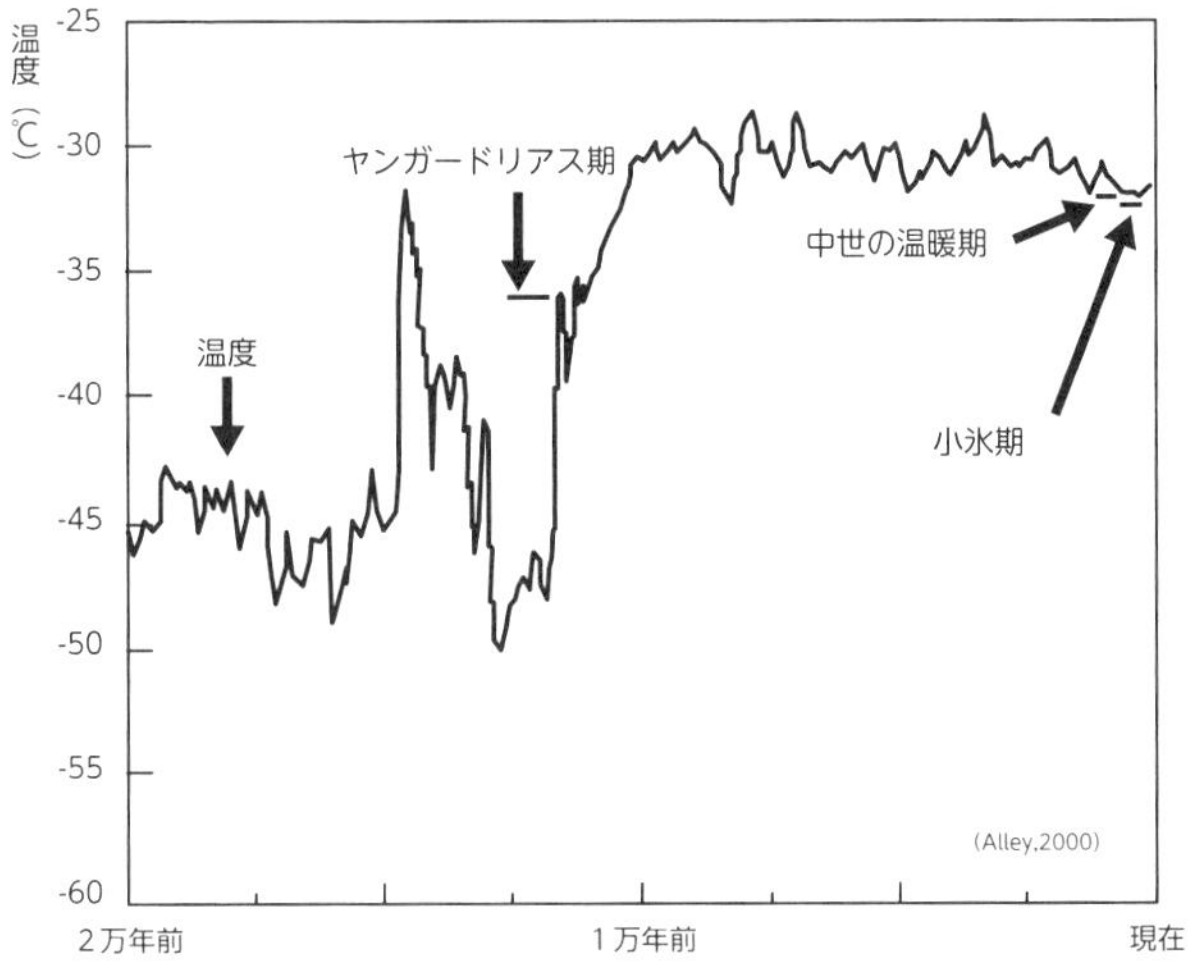

くる。

逆に、気温が低ければ軽い酸素原子の割合が増えてくる。

このことを利用し、重たい酸素原子と軽い酸素原子の比率（酸素同位体比：$^{18}O/^{16}O$）を調べることで、その雪が降った頃の気温を推定するわけだ。

1970年代からヨーロッパとアメリカの研究チームが、グリーンランド氷床の頂上部で厚く積もった氷のボーリング掘削を行なった。1993年には、長さ3053mの氷床コアを採取することに成功した。

これら氷床の酸素同位体比の測定結果から、ヤンガー・ドリアス期には、グリーンランド山頂部では現在よりも15℃ほども低く、ブリテン島では年平均気温がおよそ5℃低下したと推定された。寒冷な時期が1000年ほど続いた後、数十年に7℃程度の急激な温暖化が起こったらしい。

氷期から脱する温暖化の最中にグリーンランド周

一口メモ

海洋大循環［かいようだいじゅんかん］ ウォーレス・ブロッカー博士は、表層流と深層流が連続した海洋全体の循環流が存在しており、その表層水と深層水とが千年単位で入れ替わることを発見した。海岸を循環する動きをベルトコンベアにたとえ、「ブロッカーのコンベア・ベルト」とも呼ばれる。

辺で起こった「寒の戻り」は、氷にもはっきりと記録されていたのである。

◉寒冷化の原因

どうして温暖化しかけたところで急激な寒冷化が起こったのだろうか。

そもそも、ヨーロッパや北米東海岸は、メキシコ湾流が暖かい海水を運んでくれているおかげで、緯度の割に温暖な気候だ。したがって、メキシコ湾流が止まってしまえば寒冷化するはず。では、メキシコ湾流を止めてしまった犯人は何だろうか。

当時、北アメリカ大陸には**ローレンタイド氷床**と呼ばれる巨大な氷床が広がっていた。氷床が縮小し始めると、氷が融けた水がたまった巨大な湖「アガシー湖」が北米大陸の中央部にできて、その水はミシシッピ川から南の方に流れてメキシコ湾に注いでいたらしい。

ところが、温暖化によって氷床が縮小すると、アガシー湖の膨大な淡水は東に流れるようになり、セントローレンス川を通って北大西洋の表層に広がったことが原因だという説を米国コロンビア大学のブロッカー教授が１９８９年に唱えた。

メキシコ湾流はグリーンランド沖で冷やされて下に沈み込んでいくのだが、そこに海水と比べて軽い淡水がおおってしまったせいで沈み込むことができなくなり、流れが滞ってしまったと考えた。

ところが、アガシー湖の膨大な水が東方に流れた痕跡は見つからず、ブロッカー

ローレンタイド氷床とアガシー湖の位置

自身もこの説に懐疑的になっていた。

2010年、北極海に注ぐマッケンジー川の洪水堆積物の年代測定をしたところ、ヤンガードリアス期が始まる直前の約1万3000万年前だという報告があった。

つまり、アガシー湖からあふれ出た水は東に流れたのではなく、北方の北極海に流れたようだ。どうやら犯人は考えていたのと反対の方向に逃げ出していたのかもしれない。

ヤンガー・ドリアス期の〝寒の戻り〟を引き起こした真犯人がどこにいるのか、解明に至るにはまだ時間がかかりそうである。

事件を探る
地球科学
05

ヒマラヤ山脈の形成史を探る

▼大陸プレート衝突事件

◉ヒマラヤのアンモナイト

ヒマラヤ山脈やチベット高原は、いわずと知れた世界最大の地形の高まりであり、「世界の屋根」と呼ばれる。

対流圏にそびえ立つ８０００m級の大山脈は、大気の流れに影響を及ぼす巨大な障害物となっている。このため、ヒマラヤ・チベット山塊の形成は、そこに大きな山ができたという単純なことではなく、アジアにモンスーン気候をもたらすなど地球環境に大きな影響を与えた重大な出来事だと考えられている。

ヒマラヤ山脈は大陸同士の衝突でできたことは、教科書にも載っているせいか、結構知られているようだ。約５０００万〜４０００万年前頃、インド大陸がユーラシア大陸に衝突し、両大陸の間にあった海底は、せばめられるとともに、押し上げられた。それがヒマラヤ山脈である。

いまでもインドは年に数cm北上しており、エベレストは毎年数mmずつ高くなっている。衝突といっても、例によって長いタイムスケールでの話で、実際には現在も

ヒマラヤから見つかるアンモナイトの化石

ヒマラヤ山脈で見つかるアンモナイトは、そこがかつて海であった証拠。
著者・西本撮影

ゆっくりと進行中の大事件である。

ヒマラヤ山脈では膨大な量の岩塩が採掘されている。岩塩は塩水が干上がってできるため、そこに海があった痕跡である。

それだけでなく、ヒマラヤを流れる川に転がる丸い石をたたき割ると、中からアンモナイトの化石が出てくることがある。エベレスト山頂も約4億6000万年前の石灰岩であり、三葉虫やウミユリの化石が含まれていることを、九州大学の酒井治孝教授（現・京都大学）らの調査隊が発見している。海に棲《す》んでいた生物の化石は、ヒマラヤ山脈がかつて海だったことの確かな証拠だ。

しかし、ヒマラヤ山脈がいつ頃からどのように高くなってきたのか、その歴史はわからないことが多い。そこで、科学者が目をつけたのは、意外にも海底だった。

ヒマラヤ山脈から流れ出る川が注ぐベンガル湾は、ヒマラヤ山脈が侵食されて流されてきた土砂が、長さ数千kmにわたって堆積しているのだ（**ベンガル海底扇状地《せんじょうち》**）。削られていく場所を見るのではなく、削られたものが溜まってできた地層を調べる作戦である。

一口メモ

ヒマラヤの地質帯　南から北へ、①亜ヒマラヤ（シワリーク丘陵）、②低ヒマラヤ帯、③高ヒマラヤ帯、④テチスヒマラヤと呼ばれる。①は隆起したヒマラヤ山脈から運ばれた砂や泥がたまった地層。②はインド亜大陸の延長である古い時代の地層。③は両大陸の衝突によってできた変成岩。④はユーラシア大陸とインド亜大陸の間の海に溜まった地層である。

１９８７年、深海科学掘削《くっさく》船「ジョイデス・レゾルーション号」が、ベンガル湾の海底からボーリングコア（１３９ページ「一口メモ」参照）を掘り上げた。

ヒマラヤ山脈の隆起が激しいときには、流れてくる土砂が増えるはずである。一番深いところが１７００万年前であったボーリングコアをそのような視点で観察してみると、１０００万年前と90万年前頃に堆積量が増えていることがわかった。

つまり、ヒマラヤの上昇が急激だった時期が２度あったと推測できたのだ。

●変成岩を使って大陸衝突の威力を調べる

大陸間にあった海が大山脈になるような力は、岩石自体も変化させたはずである。ヒマラヤの地質構造は東西に伸びた帯状構造であるが、大きな断層を境にして４つの地質帯に区分されている。

そのうち、**高ヒマラヤ帯**は、大陸衝突の際に熱と圧力が加わってできた**変成岩**でできている。ネパールの首都カトマンズなどでは、ガーネットなどの鉱物が売られているが、たいてい高ヒマラヤの岩石から産出したものである。

変成岩をよく見ると、大きな鉱物結晶の周りが銀河のような渦巻き模様になっていることがある。せん断応力（物体内部のある面に沿ってずれるように働く力）がかかる環境で、鉱物結晶が回転しながら結晶成長したためである。地下深部で割れることなく流動したのだ。

ヒマラヤの変成岩

ネパールの高ヒマラヤ帯で見られる変成岩「眼球状片麻岩《がんきゅうじょうへんまがん》」。高い圧力で花崗岩《かこうがん》が変形されながら砕《くだ》かれてできた。砕けずに残った長石が白く見える。
写真提供：今山武志博士

どれほどの力が加わり、どれほど高温の地下に閉じ込められていたのだろうか。

変成岩を調べると、できたときの温度と圧力を知ることができることを思い出してほしい（54および65ページ参照）。

鉱物の化学組成を調べると、できたときの温度圧力を推定できる場合がある。高ヒマラヤ帯の変成岩を多くの地質学者が分析を試みており、温度は約750℃、圧力は約10気圧以上（深さ30km以深）に達したと推定されている。

高圧でしかできない**コーサイト**というシリカ鉱物（二酸化ケイ素SiO_2からなる鉱物の総称）も発見されている。変成岩の一部は融けてしまい、花崗岩質マグマを生じるほどだったようだ。

それほどの高温高圧環境の地下深部に押し込められてできた変成岩が、大陸衝突の進行とともに上昇し地表に現われた。大陸衝突の記録は、ヒマラヤ山脈の岩石の中にも記録されている。

出身地が異なる岩石が入り乱れたぐちゃぐちゃな地層の正体

▼海洋プレート沈み込み事件

◉年代不詳の地層

九州から四国、そして紀伊半島にかけて分布している「四万十帯《しまんとたい》」と呼ばれる地質帯の大部分は、砂岩と泥岩が交互に重なる地層（**タービダイト**：146ページ参照）が占めている。地層には時代の指標となる貝などの化石がほとんど産出しないため、長い間、年代不詳で謎の地層とされていた。

1980年代になると、放散虫《ほうさんちゅう》などの**微化石**（ミリサイズからミクロンサイズの微小な化石）の研究が進んだおかげで、年代がわかるようになってきた。ところが、その結果が非常に不思議だった。

ある地域の地層は、連続して堆積したように見えるのにもかかわらず、その下から上まで順番に新しくなるのではなく、ジュラ紀と三畳紀の微化石が繰り返して出てくるのだ。

一方で、広域的に見ると、地層の年代は南に行くほど新しくなる傾向であることもわかった。

付加体のモデル図

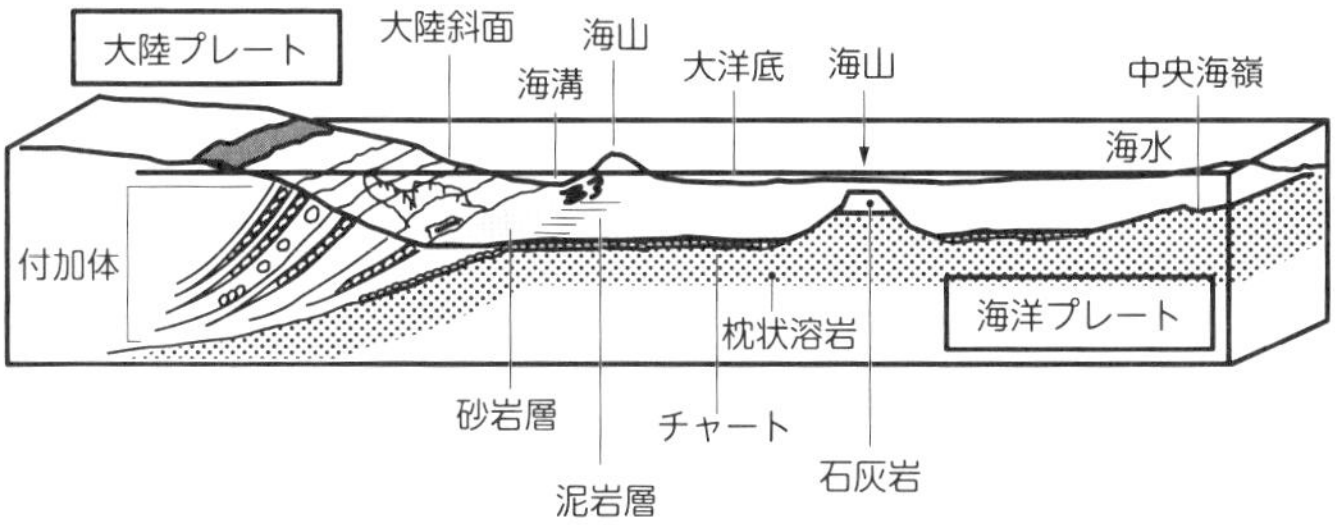

四万十帯の地層は、全体としては北に傾斜しているから、南側ほど下側の地層になるはずである。下にある地層ほど新しくなるというのは理解に苦しむ。いったいどうなっているのだろうか。

◉ぐちゃぐちゃの地層

さらに不思議なことに、砂泥互層の中には枕《まくら》状《じょう》溶《よう》岩《がん》・チャート・石灰岩といった異質な岩石がはさまっている。

いや、はさまっているというよりは、巨大な塊が不規則に入っている。141ページで触れたように、枕状溶岩は海底火山のあと、チャートはマリンスノーが降った深海底のあと、石灰岩はサンゴ礁のあとだと考えられる。

出身地が違う岩石が入り乱れて、まさに「ぐちゃぐちゃ」の地層のようにしか見えない。そんな地層がどのようにしてできたのか。

1976年に九州大学の勘米良《かんめら》亀齢《かめとし》博士は九州の延岡・日向《ひゅうが》地域の地質調査に基づいて、海洋プレート上の堆積物がはぎ取られて大陸側に付加されていくという形成モデルを提唱した（上図参照）。

また、高知大学の平《たいら》朝彦博士らは、枕状溶岩・チャート・石灰岩は、海洋プレートによって運ばれてきて、日本列島に衝突してはぎ取られたものだと考えた。古地磁気に基づいて、これらの岩石ができた場所は赤道近くだということを発見したからである。

つまり、遠く離れた赤道域から移動して、大陸近くに堆積していた砂泥互層に中に押し込まれたというのだ。こうしてできた地質構造体は、**海洋プレート**から**大陸プレート**に付加されたという意味で**付加体**と呼ばれるようになった。

海洋プレートのでき方を思い出してほしい。まず、海嶺で**玄武岩質**（62ページおよび１０８ページ参照）の溶岩が噴出し、枕状溶岩となる。だから、海嶺近くの海底は枕状溶岩だらけである。

プレート移動に伴い、海嶺から離れていくにつれて、枕状溶岩（玄武岩）の上に、海に棲《す》んでいた生物の死骸がマリンスノーとして降り積もっていく。これが固まるとチャートという岩石になる。

ところどころにできた海底火山（海山）の上にはサンゴ礁ができて、一緒に移動してくる。結局、玄武岩の上にチャートがあり、ところどころに石灰岩が乗っかっているという海洋底堆積物のセットができる。さらに、大陸に近づくと、陸から流されてきた砂や泥が溜まっていく。海溝で海洋プレートが沈み込むとき、そうした堆積物がまとまって、大陸に次々と付加されていったわけだ。

プレートの動きによって地層が横から押し寄せてくるというのだから、ぐちゃぐちゃの地層ができるのは無理もない。

地層は上から少しずつ堆積していくことでつくられるという従来の考えでは理解できなかったことが、**プレートテクトニクス**（94ページ参照）に基づいて解釈できたのである。

さて、四万十帯の地層でジュラ紀と三畳紀の微化石が繰り返すのはなぜだろう。海洋プレートの沈み込みが続いている限り、すでにできていた古い付加体は陸側に押しやられる。限界まで押されると割れ目（断層）ができて、屋根瓦のように繰り返し重なる。

もともと横につながっていた地層がちぎれて重なるのだから、同じ範囲の年代が繰り返されることになる。全体としては、海溝側に行くほど新しい地層になるのだ。

日本列島はどのようにして誕生したのか

▼日本列島形成事件

◉日本特有の「黒い鉱石」が誕生した背景

秋田県の北東部に小坂《こさか》鉱山という鉱山がある。その事務所は1905（明治38）年に建てられたモダンな近代建築で、当時の繁栄ぶりがしのばれる。

秋田県北鹿《ほくろく》地域では、銅や鉛、亜鉛、金、銀、その他レアメタルも含まれる**黒鉱**と呼ばれる鉱石が1990年まで採掘されていた。真っ黒ながら時おりキラッと輝く小さな金属鉱物の集合体は日本特有の鉱床で、英語でも「kuroko」と呼ばれる。

かつて、黒鉱がどのようにしてできたのかよくわからなかった。1970年台になって、海底火山から噴出する熱水に溶けていた金属類が海底に積もって黒鉱ができたのではないかという説が発表されていたが、あまり注目されなかったようだ。黒鉱が**熱水活動**でつくられていることがわかったのは、深海探査が始まってからである。

アメリカの潜水調査船アルビン号による調査で、東太平洋ガラパゴス諸島付近の海底から、黒い煙を噴き出す海底熱水噴出孔（123ページ参照）が発見されたの

熱水噴出孔のモデル図

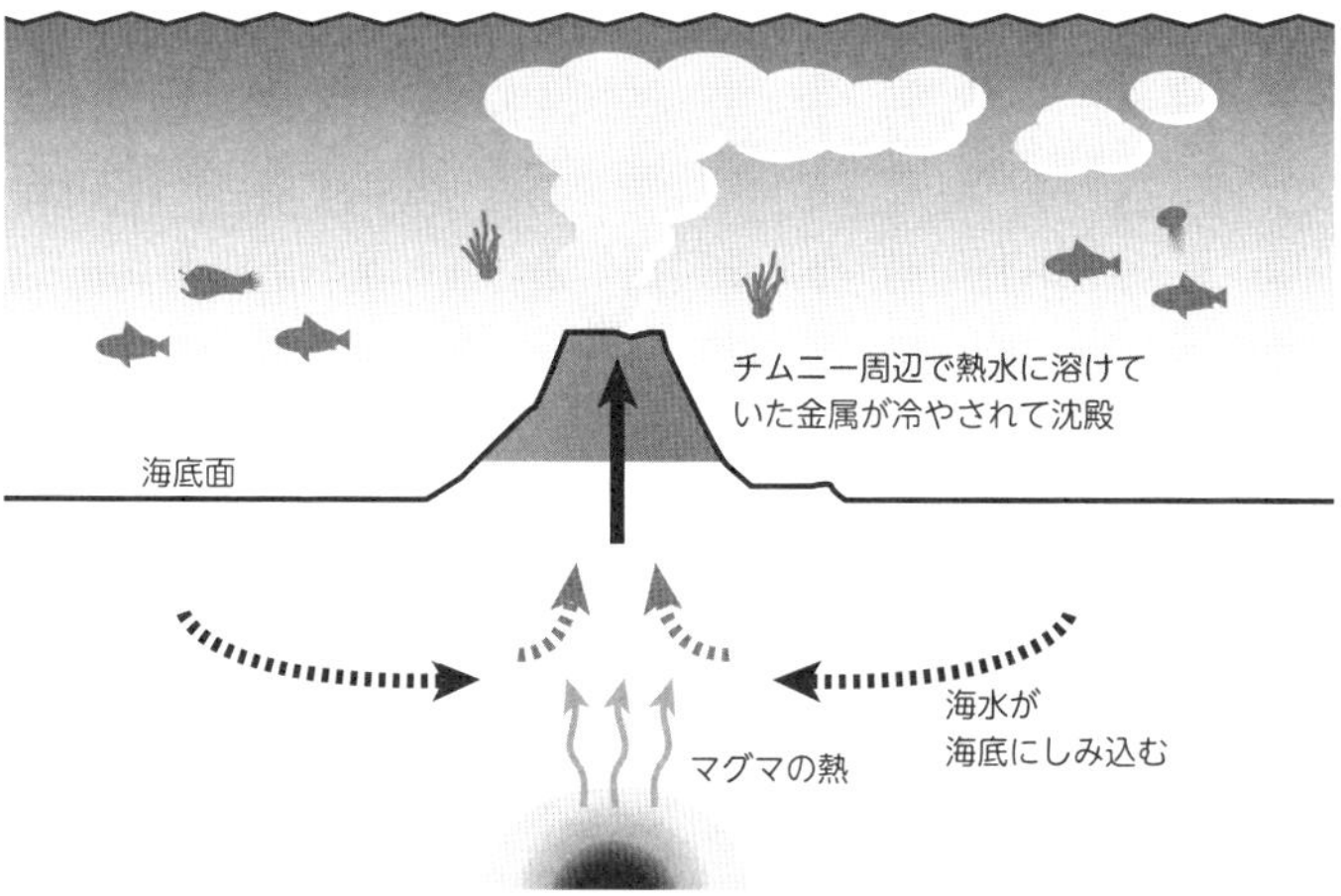

は1977年のことだった。熱水が噴出する周りは煙突状になっているので、**チムニー**と呼ばれた。

チムニー周辺の海底には大量の金属鉱物が沈殿しており、黒鉱そのものだった。海底の割れ目から海底下深くにしみ込んだ海水はマグマ近くで熱せられ、再び海底に上昇して戻ってくる（上図参照）。

海底下で高温になった水は、大量の金属を溶かして運び、冷たい海中に噴き出すとき、急冷されて金属鉱物を沈殿させる。深海底の熱水噴出孔は、黒鉱形成の現場だったのだ。

熱水噴出孔は、その後世界各地で発見された。日本でも、1980年代後半に「しんかい2000」が沖縄トラフで熱水噴出孔を確認した。

日本海側に多くの黒鉱鉱床が存在することは、かつて日本海に海底火山に伴う熱水噴出孔があったということだ。

「黒鉱は日本列島形成とともにつくられたのではないか」と考える科学者が次第に増えていった。

◉ユーラシア大陸が割れてできた日本列島

日本列島は、大陸起源の岩石が見つかることから、ユーラシア（アジア）大陸の東縁が割れて生まれたと考えられている。その生い立ちは、日本海の生い立ちともいえる。

日本海に広い大陸棚はなく、深さは２０００ｍ以上（最深３７１２ｍ）もある。直接見られない岩石を知るため、地震波《は》による解析が行なわれ、日本海盆と大和海盆には海洋地殻が露出していると推定されていた。

日本海海底の岩石が採取されたのは、１９８９年の国際深海掘削によるもので、約１９００万年前の玄武岩（**海洋地殻**をつくる岩石）だとわかった。それまで、大陸がへこんだ場所に海水が流れ込んで日本海になったと思われていた。そうであれば大陸地殻でできるはずだが、実際には海洋地殻でできていたのだ。

つまり、約１９００万年前には大陸が裂け、日本海の海底ができていたのである。

１９６０年代に、京都大学の川井直人博士らは、岩石や地層に古地磁気として記録されている磁北の方向を調べて、東北日本で大きく西に、西南日本では大きく東に寄っていることを発見した。そして、東北日本が反時計回りに、西南日本は時計回りに回転したと考えれば説明できることに気づいたのだ。

神戸大学の乙藤洋一郎博士（現・名誉教授）らは、いろいろな時代の岩石について古地磁気を調べ、古地磁気と現在の磁北とのずれが生じたのは１５００万年頃だ

日本列島の観音開き拡大説

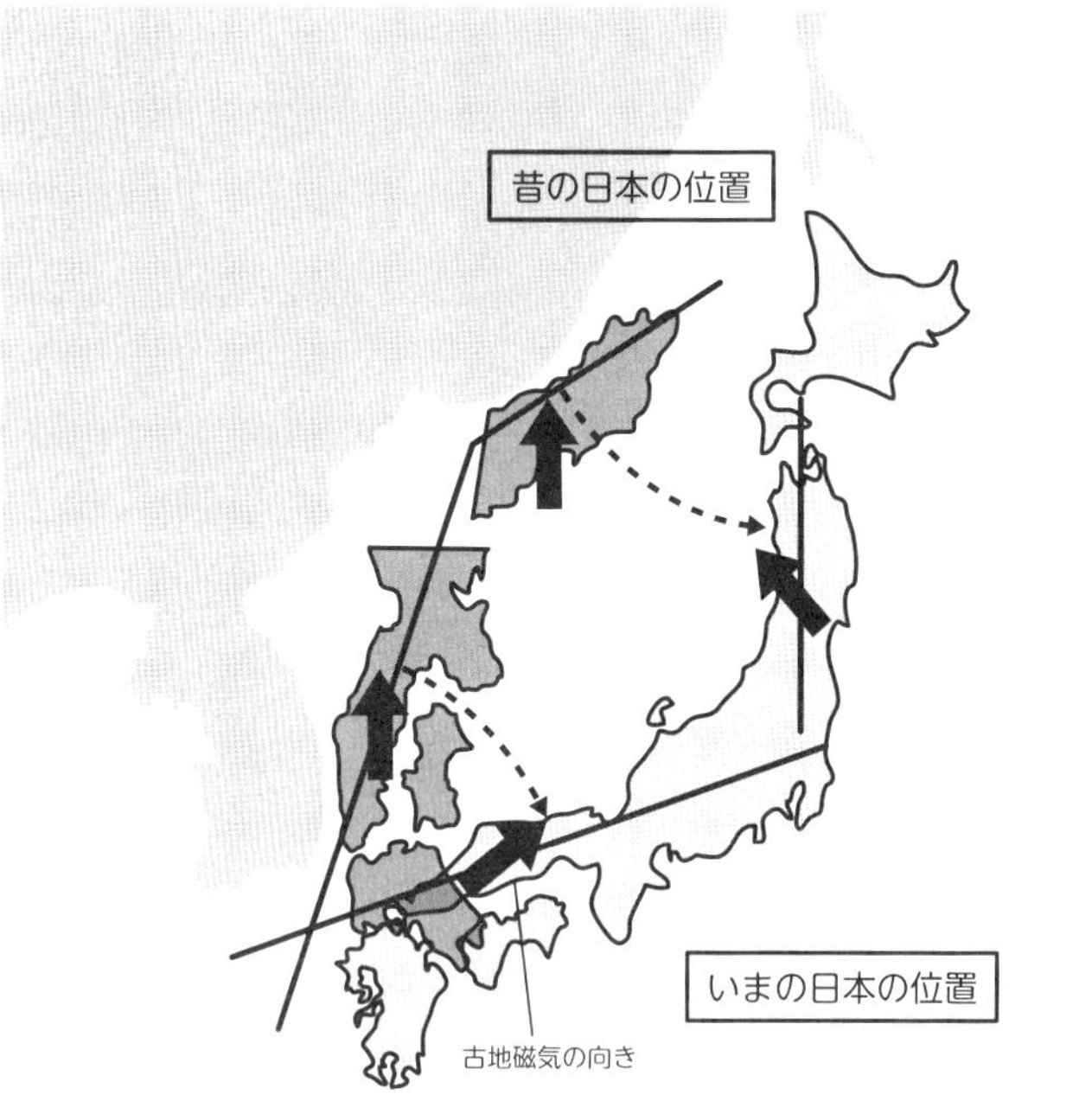

と発見した。古地磁気の記録から、日本列島の動きを読み取ったのである。

その後も地質学的な研究の積み重ねにより、約2000万年前にユーラシア大陸の縁が割れ始め、およそ1500万年前頃、日本列島が折れ曲がるように広がったと考えられるようになった。

まるで、ドアを両側に開けるようなので、**観音開《かんのんびら》き拡大説（モデル）**とも呼ばれることがある。

大陸を裂いたのは、プレートの沈み込みに伴う火山活動であった。したがって、その頃、日本海の海底に熱水が噴出していた。黒鉱は、日本列島の誕生に伴ってできた鉱床なのである。

COLUMN

“事件”は何万年もかけて起こる

時代は変わる。気がつけば、誰もが携帯電話をもつようになり、街じゅうにコンビニエンスストアがある時代になった。

振り返れば大きな社会環境の変化だったのだが、変化が起こっている最中にはそれほど急激だとは感じないものである。

地球史での“事件”も、文章で読んでしまうと、突発的に時代を変えた出来事のような印象を受けるかもしれない。しかし、実際には、何万年から何百万年もかけて起こっていることが多い。したがって、事件が起こっている最中に環境が大きく変わっていることに気づく生物はいなかっただろう。

さて、地球の歴史を学べば、人間の歴史はあまりにも短いと感じる。人類の祖先であるとされる猿人が登場したのもせいぜい700万年ほど前のことである。さらに、ホモ・サピエンスが登場したのはわずか3万年前のことに過ぎない。それが、自分たちに都合のよい環境をつくって増え続け、今世紀末には世界の総人口が110億人を超えるという。

その一方で、生物の絶滅も急激に進行し、生物の多様性はますます失われている。生物が居住できる環境は限られているから、人間の使う分が増えるほど、他の生物が使える分が少なくなるのは当然のことである。

地球の歴史で最大の事件は、いま起こっているのではないかという見方がある。未来の人間が振り返って、環境激変だったと感じることになるのだろうか。

第❻章

天体を探る地球科学

～私たちがいる太陽系の起源～

天体を探る
地球科学
01

地球誕生の記録は隕石の中にある

▼地球の材料

◉太陽系の歴史が詰まっている隕石

地球はどのようにしてできたのだろう。

その頃の痕跡を探し出して解読を試みるのが地球科学のやり方だが、地球が誕生した頃の岩石は地球に残っておらず、物的証拠がない。

地球最古の岩石としては約42億8０００万年前の変成岩が、鉱物の粒なら約44億年前のものが、かろうじて見つかっているものの、地球ができたときの岩石は存在していない。地球は誕生して間もなくドロドロに融けてしまったと考えられるからである。

幸いなことに、地球ができた頃の岩石は宇宙空間には残っており、時おり地球に降ってくる。**隕石**である。隕石にはいろいろな種類があるが、地球に降ってくる隕石で一番多い種類が**コンドライト**だ。コンドライトは融けた痕跡がなく、太陽系ができた頃の状態を残していると考えられている。

コンドライトの年代は、ほとんど約45億6０００万年前にそろう。地球を含む太

一口メモ

コンドライトの分類　含まれる鉄分や金属の量など化学成分によって、C、H、L、LL、Eといったいくつかのグループに分類されている。Cグループは「炭素質コンドライト」、H・L・LLはまとめて「普通コンドライト」、Eは「エンスタタイトコンドライト」と呼ばれる。これとは別に、岩石学的特徴から1～7のグループに分類され、C1やH5などとも呼ばれる。

陽系の誕生と同時にできた天体の破片だからだ。

地球誕生の記録は、コンドライトの中に記録されているはずである。

◉コンドライトはどんな岩石なのか

コンドライトを観察してみると、「カルシウム・アルミニウム包有物」と呼ばれる直径0・01～1㎝程度の白い包有物と、**コンドリュール**（**コンドルール**）と呼ばれる直径0・1～数㎜程度の丸い粒の隙間を、微粒子の鉱物で構成されている**マトリクス**（**基質**）が埋めていることがわかる。

カルシウム・アルミニウム包有物は英語（Ca-Al-rich inclusion）の略からCAIと呼ばれる。高温のガスから固体になった（凝縮した）物質の集合体である。ウランを利用した年代測定から、45億6720万年前という結果が得られており、**太陽系最古の物質**ということになっている。

コンドリュールは、球形であることが特徴的である。どうすれば球形になるかといえば、一度融ければよい。宇宙空間に漂っていたダストが融ければ、表面張力によって丸くなると考えられるからだ。

コンドリュールには、高温にさらされると蒸発してしまうはずのカリウムやナトリウムといった軽い元素が含まれているので、蒸発する間もなく急激に加熱されたのではないかと考えられている。融けた原因としては、衝撃波や雷などが挙げられているが、はっきりしていない。ＣＡＩと比べて２００万年くらい新しいことがわかっている。

マトリクスは、１ミクロンにも達しないほど細かい微粒子である。太陽系の平均的同位体組成とはまったく違う粒子が発見されており、太陽系が誕生する前にできた粒子（**プレソーラー粒子**）ではないかといわれている。

このようにコンドライトは生い立ちが違う物質の寄せ集めであり、いわば、宇宙でできた堆積岩のようなものだといえるだろう。

太陽系の歴史を解き明かすためには、それぞれの構成粒子の由来を丹念にたどることが必要である。

◉マグマが固まってできた隕石

コンドライトが〝宇宙の堆積岩〟であるなら、コンドライト以外の隕石は〝宇宙の火成岩〟である。マグマがかたまってできた隕石だ。

原始太陽系を漂っていた小天体は、衝突と合体を繰り返すことで大きくなった。大きくなると重力も大きくなる。衝突エネルギーは熱となる。

したがって、十分な重力をもつほど大きくなった天体は、ますます周囲の天体を引き寄せて、衝突・合体を繰り返すようになり、ついにはドロドロに融けてしまったと考えられている。

マントルとコアの分化

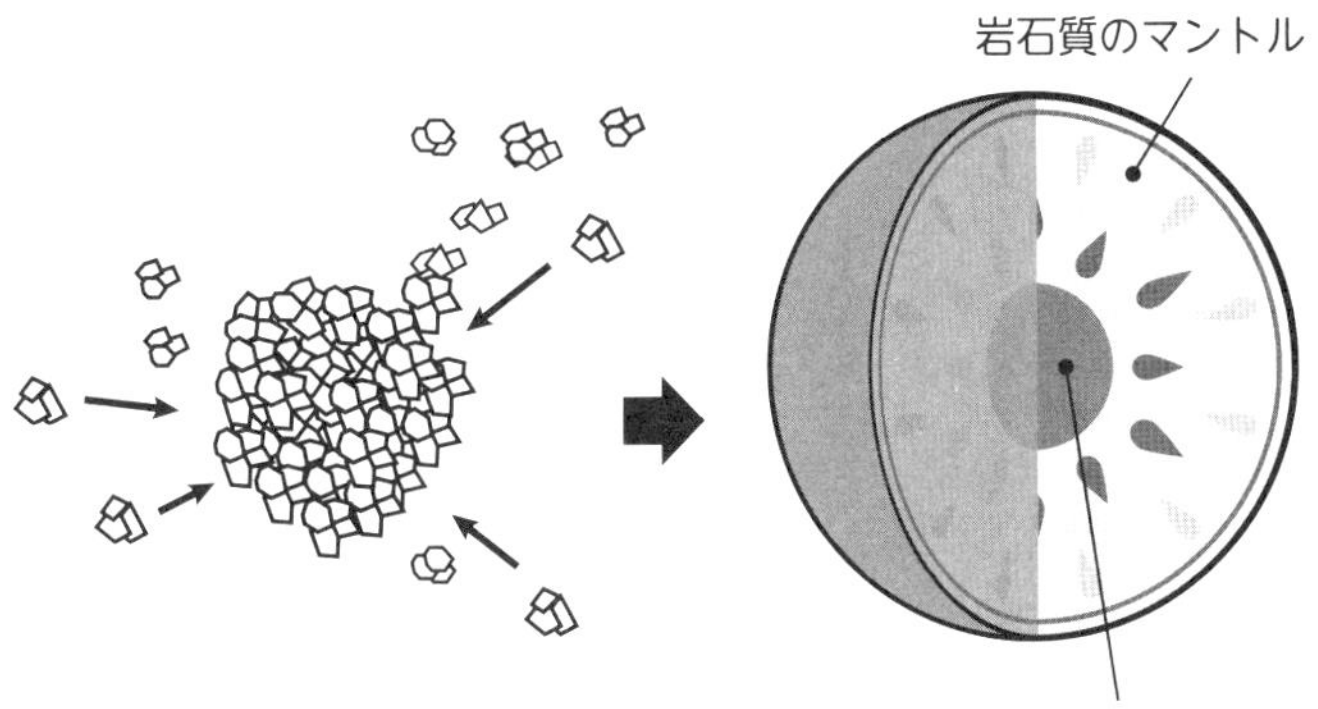

小天体は衝突と合体を繰り返して大きくなる

融けた天体の中心には鉄などの重い金属が集まってコアとなる

液体になれば、重いものが下に沈み、軽いものが浮かぶ。結局、融けた天体の中心には、主に鉄などの金属が集まり、その周囲に岩石が取り囲むようになる。要するに、融けた天体は**コア**と**マントル**に分化するのだ。地球も同様にしてできたと考えられている。

ところが、コアとマントルに分化できるほど大きくなった天体も、衝突によって砕けてしまうことがあったようだ。なぜなら、コアとマントルに相当する隕石が見つかるからである。コンドライト以外の石質隕石《せきしついんせき》（**エイコンドライト**）や**鉄隕石**《てついんせき》（**隕鉄**《いんてつ》）である。

多くの人が隕石というと連想しがちな鉄隕石は、融けた天体の中心部にあったコアのかけらだと考えられる。マグマが固まってできた隕石は、宇宙空間で小天体衝突と合体が頻繁《ひんぱん》に起きていたことの傍証《ぼうしょう》なのである。

隕石のふるさとは小惑星帯

▼小惑星の岩石

◉小惑星探査機「はやぶさ」の科学成果

隕石はもともとどこにあったのだろうか。

目撃された隕石の落下方向から推定された軌道や、隕石に可視光や赤外線をあてたときの反射のしかた（**反射スペクトル**）が似ていることを根拠にして、一部を除く多くの隕石は、火星と木星の間にある小惑星帯から飛来してきたと考えられてきた。だが、確証はなかったのである。

それが正しかったことを証明したのが、小惑星探査機「**はやぶさ**」の探査であった。実際に小惑星の物質を地球に持ち返り、隕石と比べてみたわけだ。

隕石には多様な種類があるので、隕石のふるさとが小惑星であるなら、小惑星も多様だということになる。小惑星は、観測される反射スペクトルによって、C型、S型、M型などと分類されており、それぞれ別々のタイプの岩石でできていると考えられている。

はやぶさが探査したのは、**S型小惑星**の1つ「**イトカワ**」であった。S型小惑星

一口メモ

小惑星［asteroid］ 主に火星と木星の軌道の間をまわる小さな天体。ほとんどの小惑星は直径100km以下で、いびつな形をしたものが多い。イトカワは、わずか500m程度。木星の大きな重力の影響で、大きな惑星になれなかったと考えられている。

は、「普通コンドライト」のふるさとではないかと予想されていた。

はたして、2010年に「はやぶさ」が持ち帰ったイトカワの微粒子を分析したところ、普通コンドライトのかけらであることがわかったのである。

◉地球の材料をもとめて

小惑星探査機「**はやぶさ2**」が目指しているのは、イトカワとは別のタイプの小惑星にあたる**C型小惑星**「**竜宮**」だ。

C型小惑星の「**C**」は「**炭素質**」の意味で、**炭素質コンドライトの母天体**だと考えられている。

炭素質コンドライトは、46億年前に太陽系ができた頃の状態を残した〝始原的《しげんてき》〟な（惑星が形成された当時の）隕石だとされている。揮発性《きはっせい》元素を除いた化学成分が太陽とそっくりなうえに、水や炭素といった蒸発しやすい成分までも多く含まれていることから、熱の影響をあまり受けていないと考えられる。いわば、〝地球の材料〟といえる物質なのだ。

炭素質コンドライトのふるさとは本当にC型小惑星で、生物の体をつくるもととなる有機物や水を多く含んでいるのか、その成果が期待される。

このように、小惑星探査は地球のルーツを探るための手がかりとなる岩石を求めているのである。小惑星で原始の物質が変わらず残っているのは、天体のサイズが

イトカワの軌道(右)と微粒子(左)

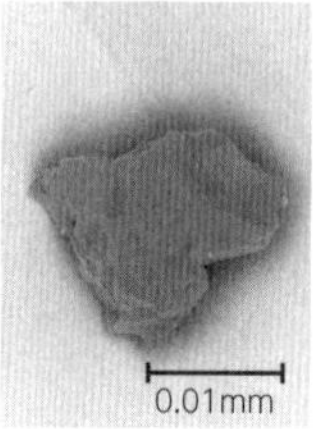

イトカワ微粒子の電子顕微鏡写真
写真及び図版提供：JAXA

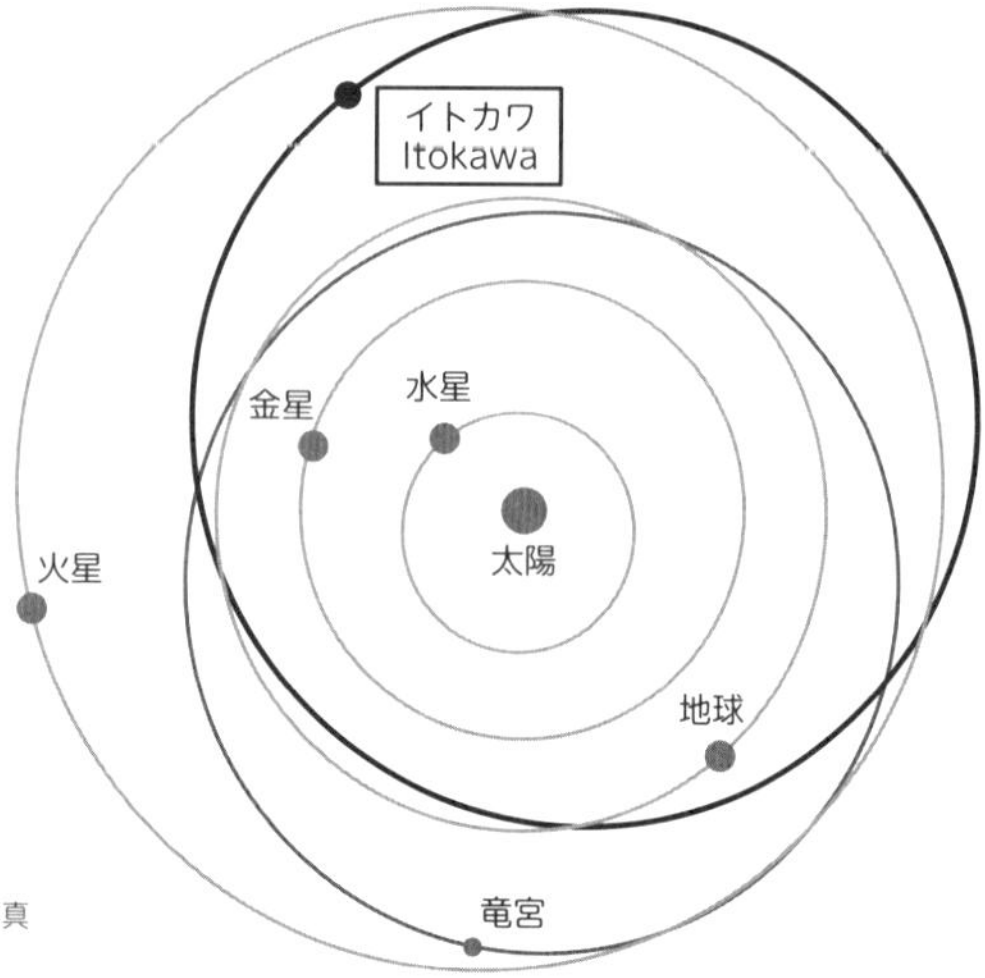

小さかったからだ。小さいとすぐに冷えてしまい、融けたり変質したりしにくい。地球の材料物質は、小さな天体に〝凍結保存〟されているのだ。

◉融けた小惑星

コンドライト以外の融けた隕石のふるさとも小惑星帯なのであろうか。もし「はやぶさ3」プロジェクトがあるとすれば、融けたことがある小惑星が目的地に選ばれるのではないだろうか。

なかでも、**M型小惑星**は興味深い。M型小惑星は反射スペクトルからいって主に金属鉄の塊で、鉄隕石の母天体である可能性が高い。

そうだとすれば、地球型惑星のコアを直接観察するようなものである。

金属からできている天体の地形などがどうなっているのか、本当に白金族元素が多いのか、地球のコアを知ることにつながっていくであろう。

天体を探る地球科学 03

月はどのようにしてできたのか

▼3種類の岩石

◉レゴリスにおおわれた月面

月を地球から見ると、黒っぽい「海」と白っぽい「高地」と呼ばれる領域に分けられる（次ページ写真参照）。1969年、**アポロ11号**が着陸したのは「**静かの海**」と名づけられた月の「海」であった。

宇宙飛行士が降り立った月面には、しっかりと足あとが残された。月面に「土」があったからである。

正確には土ではなく、**レゴリス**という。月面の岩石が破壊されて飛び散ったものであり、有機物も粘土も含まれていない。それどころか、とがったガラス片や岩片が含まれているから、吸い込むと体によくないだろう。

大気がないので、宇宙の塵《ちり》は空気との摩擦で燃え尽きることはなく、月面に高速で衝突する。しかも、風雨にさらされて風化したり、流されたりすることもない。おかげで、レゴリスは長い時間かけて積もりに積もっているのである。月ができた頃の岩石は、レゴリスに埋もれているのだ。

地球から見た月の表面

満月　月齢14.0　2001年7月5日　21時03分　JST
写真提供：国立天文台

◉アポロが持ち帰った岩石

初めて月面に降り立ったアポロ11号の宇宙飛行士たちは、レゴリスに埋もれていない岩石を探した。

持ち帰った月の岩石は、半分以上が**角礫岩**《かくれきがん》**（ブレッチャ）**であった。隕石衝突によって破壊されて飛び散った大きめの岩片が熱で融けてくっつき合ってできた岩石である。

どうやら、月面はレゴリスと角礫岩という砕かれた岩石がおおっているようであった。

角礫岩以外の岩石は、ほとんどが玄武岩《げんぶがん》であった。黒っぽい「海」は、どうやら黒っぽい玄武岩でできていたようだ。

玄武岩はマグマが噴出してできる火山岩だから、月面に流れ出した玄武岩質マグマが、クレーターなどの窪地を埋めて平らになったのが「海」だと考えられるようになった。

アポロ11号が採集した岩石を分析したウッド博士は、角礫岩や玄武岩にまぎれていた、まったく予想外の小

一口メモ

土　「土」というのは、岩石が風化してできた砂や粘土などに、動植物の遺《い》骸《がい》や糞などの有機物が混ざってできているものである。したがって、有機物を含まない砂や泥の集まりを「土」と呼ぶのは正しいとはいえない。わかりやすくするため、「土」といっていることも多いが、科学用語ではないことに注意。

さな岩石を見つけた。**斜長岩（アノーソサイト）**である。斜長岩は、ほとんど斜長石という鉱物が集まっている白っぽい岩石で、その斜長石もカルシウムに富んだものばかりという、地球では見られない岩石であった。

斜長岩を見つけた瞬間、ウッド博士の脳裏には、原始の月の様子が思い浮かんだに違いない。月が誕生した頃、ドロドロに融けたマグマオーシャンにおおわれていたのではないだろうか。マグマが冷えるにつれ、結晶化していくいろいろな鉱物の中で、比較的軽い斜長石の結晶が浮かんで集まった。火成岩を見続けてきた経験から、斜長石だけからなる火成岩ができるには、それしかないと考えたのだろう。

１９７１年、アポロ15号が採集した岩石の中に、たった１つだけ２６９グラムの大きな斜長岩が見つかり、**ジェネシス・ロック**と名づけられた。

１９７２年、アポロ16号が初めて月の高地に着陸した。採集された岩石のほとんどは角礫岩で占められており、斜長岩（アノーソサイト）はたったの２つであった。月面の岩石は、度重なる隕石衝突によって予想以上に角礫化しており、衝撃による熱変成も受けていた。

斜長岩の年代は約45～44億年前だとわかった。月で最初に固まった岩石ということになる。一方、月の海の玄武岩は約38億年前以降に固まったものだった。月は、誕生してから数億年はマグマができるほど熱かったのだ。

月から持ち帰った岩石を直接観察・分析することで、月の歴史が読み解かれ始め

ジャイアントインパクト説

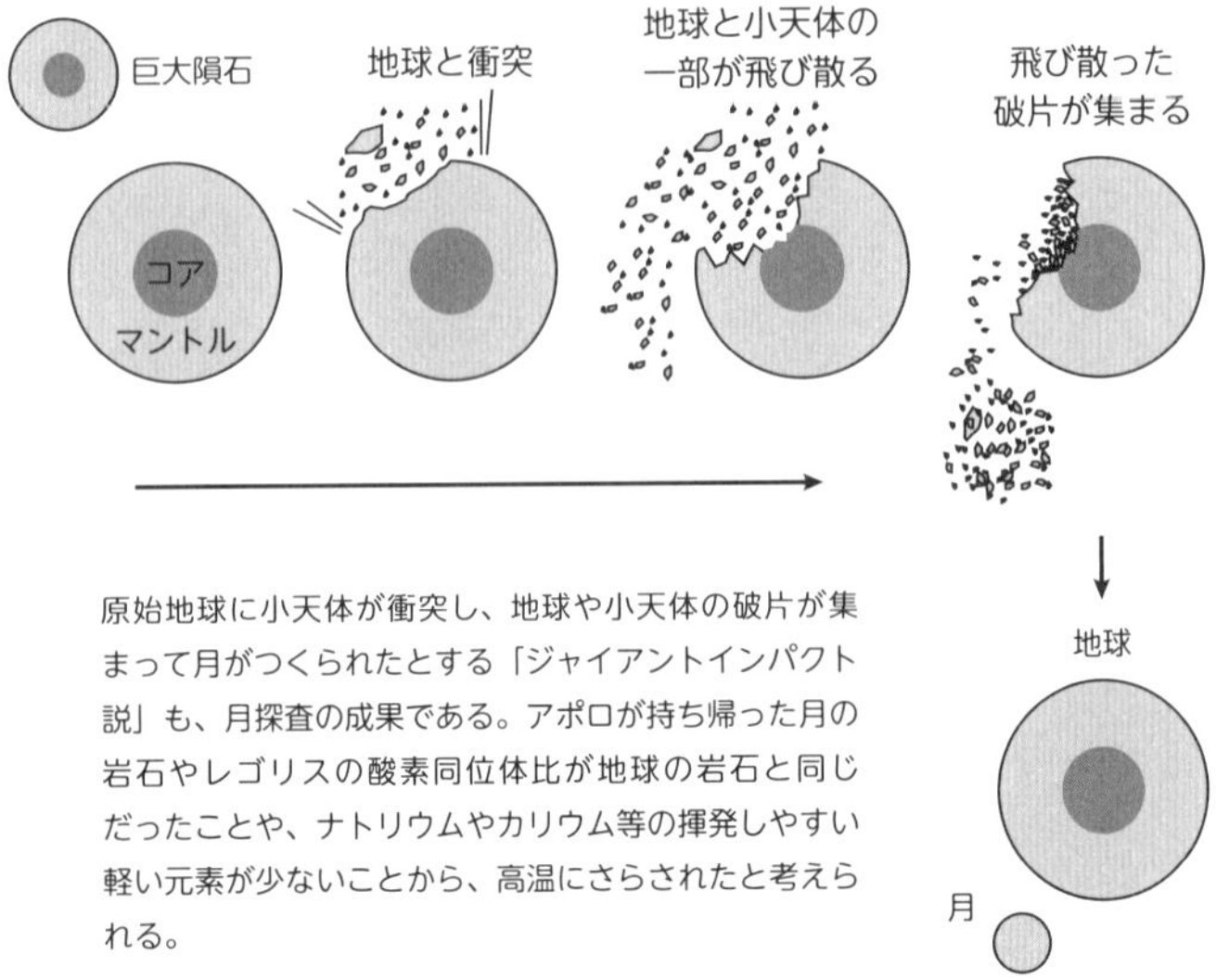

原始地球に小天体が衝突し、地球や小天体の破片が集まって月がつくられたとする「ジャイアントインパクト説」も、月探査の成果である。アポロが持ち帰った月の岩石やレゴリスの酸素同位体比が地球の岩石と同じだったことや、ナトリウムやカリウム等の揮発しやすい軽い元素が少ないことから、高温にさらされたと考えられる。

た。原始地球に小天体が衝突し、砕け散った破片が集まって月がつくられたとする**ジャイアントインパクト説**（上図参照）も月探査で得られた月の岩石の化学分析が根拠となっている。それは、岩石から地球史を理解しようとしてきた地球科学の新たな成果でもあった。

◉月隕石とかぐやで確認できたアポロの成果

アポロ計画により月の岩石の特徴がわかったおかげで、隕石の中に月の岩石とそっくりなものが混ざっていることがわかった。

要するに、月から飛んできた隕石があることに気づくことができたわけだ。月面に衝突した隕石によって弾き飛ばされてきたものと考えられる。

アポロが持ち帰ったもの以外にも、人類は月の岩石をもっていたのだ。それらを観察してみると、月隕石は意外と多様である。

実際のところ、アポロ計画による岩石の採集地点は月の表側の赤道付近に集中しているから、月を代表した岩石を見ているとはいい切れない。

その点、隕石衝突が起こる場所はランダムだろうから、様々な月面から弾《はじ》き飛ばされてきているだろう。月全体を知るためには、月隕石を調べることも重要だと教えてくれたのは、アポロが持ち帰った月の岩石なのである。

2008年、日本の月探査衛星「かぐや」は、アポロ計画で月から持ち帰られた斜長岩と同じ特徴の反射スペクトルを検出した。月の高地の地殻には、これまで考えられていたよりも純粋に近い（ほぼ100％が斜長石からできている）斜長岩が広く分布していることを明らかにした。

月の地殻は、もともと斜長岩だけでおおわれていた可能性が高まった。斜長岩が、原始の月をおおっていたと考えて間違いなさそうだ。

アポロ11号による人類初の月面着陸から40年近くが経《た》っていた。

探査活動によってますます謎が深まる火星

▼発見が相次ぐ火星探査

◉本格的な探査計画が実行されている火星

地球のお隣りである火星は、ずっと惑星探査のフロンティアであった。

1965年にマリナー4号が火星に接近して撮影した写真には、クレーターだらけの火星表面が写し出された。薄いながらも大気があることよりも、火星表面にクレーターが多くあることに科学者は驚かされた。

1971年、火星を周回したマリナー9号は火星表面の約70%を撮影し、巨大峡谷や巨大火山を発見した。

マリネリス峡谷と名づけられた巨大峡谷は長さ4000km、深さ7000m以上もある。地球より小さな火星に、これほど巨大で直線的な峡谷が水の侵食だけでできるとは考えにくい。マリネリス峡谷も断層運動でできたのかもしれない。

オリンポス山と名づけられた巨大火山の高さは2万1287mにもなる。裾野は600kmにもなるほど広く、傾斜は1～2度程度と緩やかであるから、流れた溶岩も粘り気が少ない玄武岩質だろうと推測できる。

だが、火星よりも大きな惑星である地球でも、火山がこれほど巨大になることはない。なぜかといえば、**プレート運動**があるからである。

マグマが湧き上がってくる場所の上をプレートが水平移動しているために、ずっと同じ場所で噴火できないのだ（109ページ参照）。

プレート運動がなければ、マグマが湧き上がってくる場所で、ずっと噴火し続けられるということだ。つまり、火星にはプレート運動がないのではないだろうか。

1976年、ついに火星に着陸したバイキング1号が撮影した写真には、ゴツゴツした岩が散らばる赤茶けた広大な大地が写っていた。

火星を赤く色づけているのは、赤茶けた土（ダスト）のせいではないだろうか。それは、水の存在などと関係があるのだろうか。黒っぽい岩石は玄武岩であろうか。

このように、火星探査によって、火星表面の様子がわかってくると、新たな疑問も増えた。それらを解き明かすためには、火星表面の岩石や地層に近寄ってくわしく観察・分析することが必要であった。

◉火星の火成岩と堆積岩

火星探査の新たな道を開いたといえるのは、1997年に火星に着陸した**マーズ・パスファインダー**であろう。探査機をエアバッグに包んでバウンドさせるというユニークな着陸方法が話題となった。

地球と火星の礫岩の比較

写真提供：NASA/JPL-Caltech/MSSS and PSI

ローバーと呼ばれる探査機は、障害物をよけながら動き回って画像の撮影とともに、元素分析なども行なうことができた。おかげで、火星表面の岩石が玄武岩や安山岩であることが確かめられた。まるで、人間の代わりに地質調査をしてくれるロボットのようであった。

2012年、火星探査機「**キュリオシティ**」から送られてきた画像は、多くの人たちを驚かせた。写っていたのは、まぎれもなく丸い小石や砂が固まった礫岩であった。

NASAは、地球の礫岩の写真と並べて発表してくれたので（写真参照）、多少なりとも地球科学をかじっていれば、それが何を意味するのかすぐにわかった。火星には川があったのだ。ゴルフボール大の礫が動かされていることから、ひざくらいの深さがあっただろうと推定される。

泥岩も発見された。泥は流れている水の中では沈殿しにくいから、静かな湖のあとではないかと考えられる。どうやら、火星には長期間にわたって水が存在していたようだ。であれば、生命が持続的に存在していた可能性は否定できない。

斜交層理（127〜131ページ参照）を示す砂岩層も見つ

一口メモ

火星隕石　「火星隕石」は、「SNC 隕石」と呼ばれていた。インドのシャーゴッティに落下したシャーゴッタイト (Shergottite)、エジプトのナクラに落下したナクライト (Nakhlite)、エジプトのシャシーニーに落下したシャシナイト (Chassignite) という３つの隕石グループの頭文字を取ったものだ。いずれも火成岩である。

かった。砂漠でできた風成層なのか、水流でできた河川堆積物なのか議論があるが、火星には意外と堆積岩がたくさん分布していることがわかった。

火星にはかつて大量の水が流れ、多様な堆積岩ができる環境があったようだ。なぜ、いまの火星が水惑星でなくなってしまったのだろうか。兄弟惑星である火星の歴史を知ることは、地球の歴史を理解することにつながるに違いない。火星の歴史を知る手がかりは、火星の岩石にあるのだ。

◉多様な火星隕石

火星から飛んできた隕石も確認されており、火星の理解に役立っている。月隕石と同様に、火星に大きな隕石が衝突したことにより、火星の岩石が弾き飛ばされ、地球に到達したと考えられている。

月と異なり、火星で採集された岩石は持ち帰られていないのに、火星起源の隕石だとどうしていえるのだろう。

根拠の1つは**コンドライト**（約46億年前、太陽の誕生と同時に形成した天体の破片。185ページ本文および「一口メモ」参照）など多くの隕石と比べて、形成年代がずいぶん新しい（1・7～13億年前）ことである。そして、マグマが固まってできた火成岩だということである。隕石の種類としては**エイコンドライト**（コンドライト以外の石質隕石）に属する。

これらのことから、隕石の母天体は、長い期間にわたって火山活動が継続できるくらい、つまり、冷えて固まってしまうまでの時間がかかるくらい大きな天体だと考えられる。加えて、隕石に閉じ込められていた希ガス成分が火星の大気成分と一致したとなれば、容疑者は火星で決まりである。

火星探査機で様々な岩石を見ることができても、火星全体を把握することは不可能である。実際、火星隕石がどこから飛んできたのかは確認されていないのだ。

おそらく、火星の地質は小惑星や月とは比べものにならないくらい複雑で、多様な岩石が存在するのだろう。火星の生い立ちを理解するには、隕石の研究と惑星探査の両方によって、数多くの岩石を観察していくことが欠かせないのである。

第7章

人間社会と地球科学

～地球科学と社会との関わり～

災害を引き起こす自然現象の解明を目指す

▼地震メカニズム解明への挑戦

◉海底を掘り抜く

　2011年3月11日、津波で大きな被害をもたらした**東北地方太平洋沖地震**。この地震を引き起こしたプレート境界断層の領域は、南北約500㎞、東西約200㎞に及ぶと推定され、日本海溝の海溝軸付近で50m以上も海底がずれて、7～10m盛り上がったという（「はじめに」参照）。

　断層がこれほど大きくずれた原因を探るため、その断層を掘り抜くプロジェクトが実行された。ずれた断層部分を直接調べようというのだ。

　2012年、海洋研究開発機構（JAMSTEC）の研究チームは、**地球深部探査船**「**ちきゅう**」で震源に近い海域の水深約6900mの海底から約850mを掘削《くっさく》することに成功した。

　見事、掘り上げたボーリングコアには、動いたばかりの**プレート境界**（92ページ）の**断層部分**（**断層帯**）が含まれており、研究者らを驚かせた。地震発生後1年ほどしか経《た》っていない断層を掘り上げたのは世界初であった。

さらに、掘った孔《あな》の中に高精度温度計を55個も設置し、温度測定を試みた。断層がずれたときに発生した摩擦熱によって、どのくらい温度が上昇したのか推定するためであった。

数か月後、無人探査機**かいこう**がすべての温度計の回収に成功、データを解析することができた。断層部分は周りより0・31℃高かったことから、地震発生時には200〜300℃に上昇したと推定された。いわば、まだ熱が冷めやらない〝事件現場〟を調査できたわけだ。

断層部分（断層帯）の厚さは5m以下と巨大断層のわりには薄く、粘土鉱物の一種で水を吸って膨張する性質（膨潤性）のある**スメクタイト**を約78％も含んでいた。

水を含みやすいスメクタイトは地震発生時の摩擦熱によって水が膨張することで断層をすべりやすくさせた。それにより断層が大きくずれたために巨大な津波を発生させたと考えられた。

◉サンプルリターンにこだわる理由

地表に露出した岩石は、鉱物粒子の境界などに目で見えないような割れ目ができ、そこから変質が進む。それが**風化**《ふうか》である。

断層ができると、その周辺に**破砕帯**《はさいたい》と呼ばれる割れ目が発達した部分ができる。割れ目は水の通り道となり、周辺の岩石を変質させる。粘土鉱物はそのようなとこ

地球深部探査船「ちきゅう」

世界最高の掘削《くっさく》能力をもつ地球深部探査船「ちきゅう」は、船部中央のやぐら（デリック）からドリルパイプを降ろして海底下を7000 m掘削できる。
写真提供：海洋研究開発機構（JAMSTEC）

ろで多くできる。**兵庫県南部地震**を起こした野島断層などでも、断層近くに発達した破砕帯で岩石の変質が進んでいることがわかっている。

ところが、変質によって粘土鉱物ができてしまうと、今度はその部分が地下水の通りにくい部分となる。地震という岩盤の破壊現象は、単に割れるだけでなく、岩石の性質も変えてしまうのだ。このように、自然現象は様々な現象が絡まって進行するから複雑である。

局所的な岩石の変質などは物理探査では見えないことが多い。そのため、科学者らは、〝事件現場〟の観察やサンプルリターンにこだわるのだ。最新のコンピュータを駆使したシミュレーションなどでも、それだけでは限界があることをよく知っているのである。

CTやレントゲンで体内の状況が判断できるのは、人体内部の構造や構成物質については、すでにくわしくわかっているからである。それでも、ファイバースコープで直接見ることにまさる確実な診断方法はないだろう。地球内部の診断でも、直接観察は重要である。細かいところが気になるからだ。

人間社会と地球科学
02

地下に眠る有用な元素を探す取組み

▼鉱床の成因

地下資源として有用な鉱物が濃集した部分を**鉱床**《こうしょう》という。鉱床があるということは、特定の元素が集まる何らかの自然現象があったということを意味する。

◉菱刈金鉱床《ひしかりきんこうしょう》の発見

たとえば、いまや日本唯一の金属鉱山となってしまった鹿児島県の**菱刈**《ひしかり》**鉱山**では金鉱石を採掘しており、日本の金産出量のほとんどを占めている。１９８９年に閉山となった４００年近い歴史をもつ**佐渡**《さど》**金山**の産出量を、１９８５年の採掘開始から、わずか10年ほどで抜いたそうだ。

それほど大きな**金鉱床**が、日本にあることに驚く人もいるだろう。もともとこのあたりには小規模な金山があって、明治の終わり頃には採掘されていたようである。しかし、たいした量の金はなかったようで、戦後にも採掘再開されたものの、鉱況不良ですぐに採掘休止となっている。

高度経済成長時の１９７５〜１９７７年にかけて、菱刈を含む鹿児島県北部地域

金鉱床形成のメカニズム

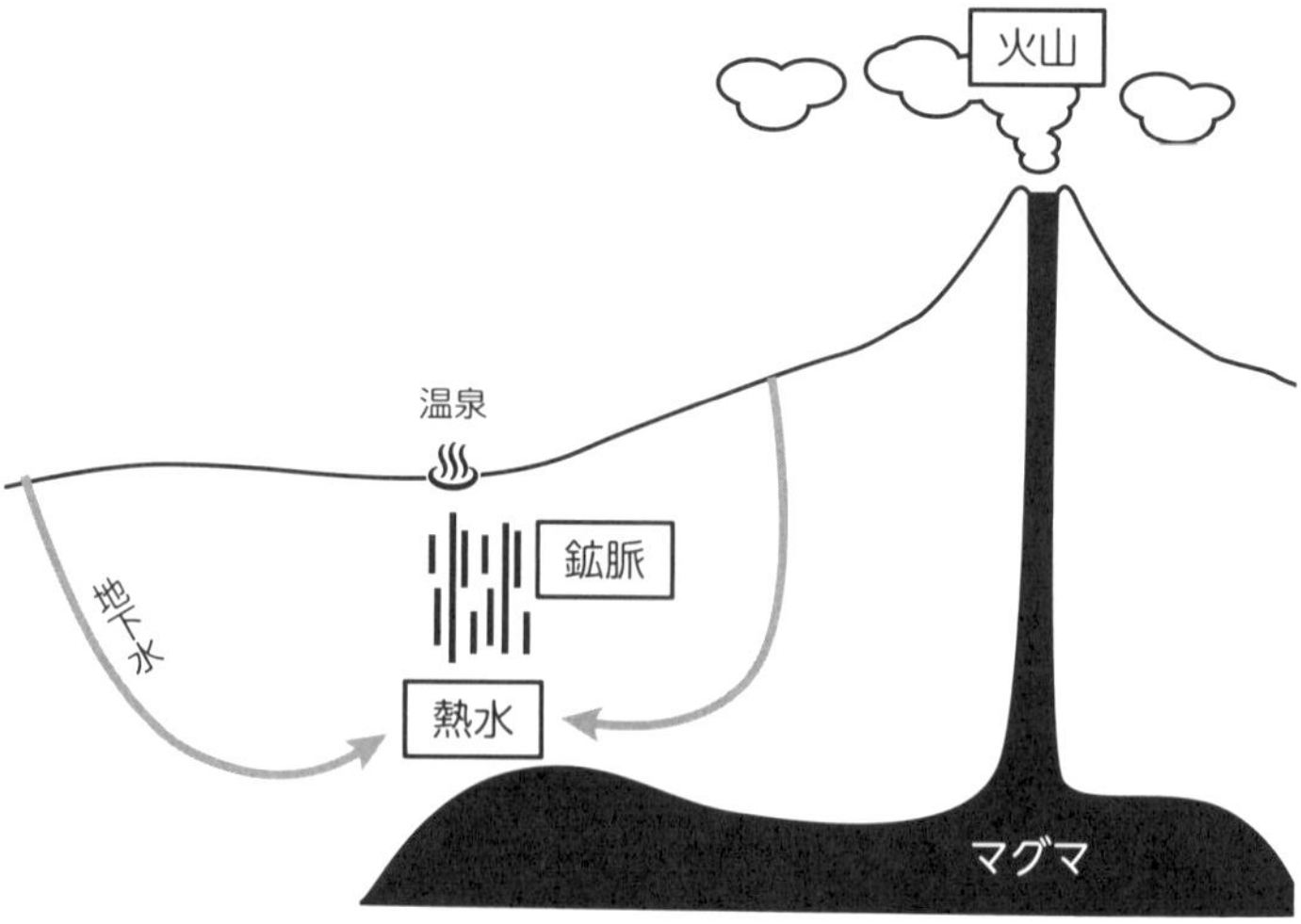

マグマで熱せられた水が金を含む金属を溶かし、地表近くで沈殿させて鉱脈をつくる。

で広域的な地質調査が行なわれた。

その後、金属鉱業事業団（現、石油天然ガス金属鉱物資源機構＝JOGMEC）による詳細な探査が行なわれ、１９８０年に実施されたボーリングで、幅15㎝ほどの**金鉱脈**が発見された。

その金品位は非常に高く、１トン当り２９０グラムの金を含む鉱脈もあったという。１トン当り数グラムあれば、十分採算が合うといわれる金鉱石としては、非常に高品位であった。

１９８５年より住友金属鉱山により採掘が行なわれ、いまでは年間約７トンの金を算出している。

◉地下資源探査

菱刈鉱床の探査や開発は、金鉱床の成因を探ることでもあった。

金鉱床とその周辺の地質構造や鉱物の特性などを調べることで、地下をめぐる熱水が金鉱床をつくっていることが明らかとなった。

一口メモ

菱刈鉱山［ひしかりこうざん］ 約100万年前にできたと考えられている、地質学的には新しい鉱床。鉱石1トン中に含まれる平均金量が、世界の主要金鉱山の平均品位が約3～5グラムなのに対し、菱刈鉱山では約40グラムという高品位を誇る。累計産金量も国内歴代1位であり、名実ともに日本を代表する金山。

マグマの周辺では、地表から浸透してきた地下水は熱せられる。通常、金は水に溶けないが、地下深くの高温高圧状態（熱水）になると溶けやすい。金を溶かし込んでいる熱水が、割れ目を伝って地表近くに上がってくると、金の溶解度が低下して金を沈殿させているのである。熱水が地表に湧き出せば温泉である。地表で冷やされた熱水は再び地下深部にしみ込んでいく。マグマの周りにできたこうした熱水の循環が、長い時間をかけて有用な**金属元素**を運んでいるのだ。

鉱床の成因がわかれば、その知見を活かして探査が行なえる。地下で起こっている特定の元素が集まる現象を理解することが、地下資源の探査に役立つのである。

人間社会と地球科学
03

地下の様子を探り、地熱の有効活用を目指す

▼地熱発電

◉固まったばかりのマグマ溜まりを掘る

１９９５年に岩手県葛根田《かっこんだ》地域で、新エネルギー・産業技術総合開発機構（NEDO）による深部地熱資源調査として、高温の地下深部に向かって掘削《くっさく》が進められた。

地下の浅いところでは**堆積岩**《たいせきがん》（砂、泥、岩石片、生物の遺骸《いがい》、火山噴出物、またそれらの混合物などが堆積して固まってできた岩石の総称）が続いていたが、少しずつ地温は上昇し続け、深さ２８６０ｍでとうとう高温の花崗岩《かこうがん》に到達した。花崗岩の最上部の温度は３７０℃で、さらに掘り進めると温度はどんどん上昇し、深さ３７２９ｍで５００℃以上に達した。高温掘削の世界記録である。

花崗岩が融解する温度は７００～８００℃であるから、このまま掘削できていたらマグマに達していたかもしれない。掘り上げられた花崗岩は地表にまだ露出しておらず、地下で固まったばかりで冷却しつつある状態にあったのだ。

火山の近くに沸騰するような温泉が見られるのは、火山体の地下にあるマグマ溜

一口メモ

クリーンエネルギー　化石燃料の燃焼などと異なり、電気や熱などに変える際、二酸化炭素（CO_2）や窒素酸化物（NOx）などの有害物質を排出しない（または排出量の少ない）エネルギーのこと。太陽熱、地熱、風力、波力などがある。

まりによって温められた地下水が上昇してきているからである。マグマ溜まり周辺にできる高温の地下水の対流は**地熱系**という。

地熱系ができるためには、熱源だけでなく、十分な水の供給と熱水が貯留される地下の地質構造（地熱貯留層）が必要である。地熱開発には、そのような地質条件の場所を探査することが欠かせない。

しかし、高温の地下環境がどのようになっているのか、直接観察することはできない。そこで、地熱系ができている地下の岩石を直接掘り出したり、温度や化学成分を測定したりするために掘削が行なわれたのだ。このチャレンジングな掘削によって、高温状態から冷却しつつある花崗岩に関するも多くの知見が得られた。

◉地熱発電に熱い視線

地下深部に熱水を取り出して発電するのが**地熱発電**である。熱水が対流している地下を掘削してやれば、熱水が圧力低下によって200〜300℃という高温の蒸気になって噴出する。この蒸気によりタービン（羽根車）を回転させて発電するというわけだ。

日本における地熱エネルギー資源は、世界的に見ても膨大であるにもかかわらず、その発電量は全発電量の1％にも満たない。それは、十分な熱水が得られない開発リスクが伴うことや、有望な地域が国立公園などに指定されている場合が多く、景

大きな構造物は高さ 45 mの冷却塔（岩手県八幡平市《はちまんたい》）
写真提供：東北自然エネルギー株式会社

観や自然保護などの点から、開発に制約があるためと考えられている。

火力発電に比べて二酸化炭素排出量が圧倒的に少ない地熱発電は、地球温暖化問題への関心の高まりや、2011年の東日本大震災に伴う福島第一原子力発電所の事故がきっかけとなり、**クリーンエネルギー**としてその重要性が再認識されている。今後、法整備が進めば、地熱発電開発のための研究が進んでいくであろう。

地熱開発が進むようになれば、地熱発電設備の長期利用のため、地下深部での透水性の確保が課題となるはずだ。つまり温泉沈殿物（17ページ）ができるのと同じように、鉱物の沈殿により岩盤内の割れ目や坑井《こうせい》が目詰まりを起こすことがあるからである。

そこで、地下深部における熱水の水質や、その形成要因として岩石と水がどのような化学反応を起こすのかといった知識が必要となるであろう。地熱発電の開発には地球科学的視点が欠かせないのだ。

「資源を掘り出す」ことから「不要物を閉じ込める」ことへ

▼二酸化炭素地中貯留

◉二酸化炭素を地下に閉じ込める

2003年から2008年にかけて、新潟県長岡市において、深さ約1100mにある地層への二酸化炭素圧入実験が行なわれた。二酸化炭素を地下に閉じ込める**二酸化炭素地中貯留**の可能性を確かめるためであった。1日当り20〜40トンのペースで、計およそ1万トンの二酸化炭素を地下に注入することに成功した。

地下を掘るというのは、私たちにとって必要な資源を得ることが目的であることが多かったが、最近になって、私たちにとって不要なものを閉じ込めてしまうことも目的に加わった。その1つが、**温室効果ガス**として排出量の削減が求められている**二酸化炭素**である。

二酸化炭素排出量を、省エネだけで削減するのは限界があるといわれる。そこで、解決の鍵とされているのが、二酸化炭素を大気に放出することなく回収・貯留する技術（二酸化炭素回収・貯留技術：CCS=Carbon (dioxide) Capture and Storage）なのだ。二酸化炭素地中貯留は、その1つである。

一口メモ

高レベル放射性廃棄物［こうレベルほうしゃせいはいきぶつ］ 原子力発電で使われた燃料を再処理した後に残る、放射能レベルの高い物質が含まれた廃液のこと。この廃液をガラス原料と融かし合わせて固めたものを、「ガラス固化体」という。

「気体を地下に埋めてしまうと漏《も》れてしまうのでは」と思う人もいるだろう。しかし、考えてみれば、天然ガスという気体は、もともと何万年も地下に閉じ込められていたのだ。それをわざわざ穴を開けて取り出しているのである。地下に気体が閉じ込められてきたことは間違いない。したがって、気体である二酸化炭素を地下に閉じ込めることは可能なはずだ。

２００５年のＩＰＣＣ特別報告書「Carbon Dioxide Capture and Storage：二酸化炭素回収・貯留技術」においても有用な技術であると評価されており、地球温暖化に対する有効な対策として期待が強まっている。

もちろん、地下における二酸化炭素の挙動についてはわからないことが多く、地下深部において二酸化炭素がどのように地下に封じ込められるのか、岩石とどのような反応が起こるのか、地表への漏洩はないのかなど解明すべき課題は多い。だからこそ、地下環境を理解するための研究が求められているのだ。

◉放射性廃棄物の地層処分

安全に埋めてしまいたい不要物としては、様々な廃棄物がある。

とくに問題となっているのが、原子力発電所から発生する放射性廃棄物である。なかでも**高レベル放射性廃棄物**は、使用済燃料から再利用のためウラン・プルトニウムを回収した後に残る廃液であり、ガラス固化させてから30～50年間専用の施設

放射能廃棄物地層処分の研究施設

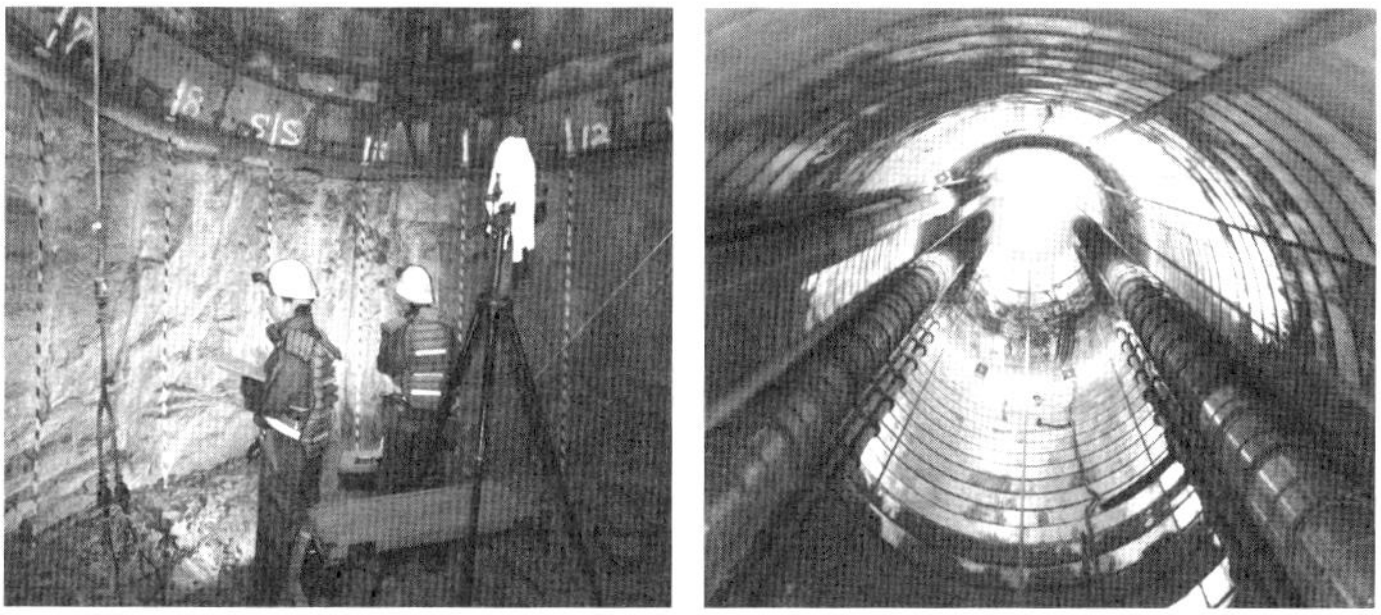

日本原子力研究開発機構では、主に花崗岩でできた地下環境の研究が行なわれている。
（右）主立坑内から地上方向を見上げた状況
（左）換気立坑における壁面観察
写真提供：日本原子力研究開発機構（JAEA）

で貯蔵・冷却した後に、地下３００ｍ以深の地下深部に埋設し、長期にわたって人間の生活環境から隔離することが考えられている。

そこで、万が一、各種放射性物質が地下で漏れ出しても、長期にわたって移動しないような環境に埋める必要がある。

ウランが何億年も動かないようなことがあるのかといえば、それはある。ウラン鉱床がその証拠だ。

そもそもウラン鉱床は、ウランが濃集《のうしゅう》したまま何億年も閉じ込められていたものだ。それを我々は掘り出して使ってきたのである。

日本原子力研究開発機構（ＪＡＥＡ）は、花崗岩の岩盤を岐阜県瑞浪市で、堆積岩の岩盤を北海道幌延町で、それぞれ地下５００ｍまで掘削し、地下で物質がどのように移動するのか研究している。

地層処分の安全性を担保するためには、放射性元素が地下をどのように移動し、どのような場所であれば動かないのかを知る必要があるからだ。

地下深部における工学技術の開発だけでなく、断層や割れ

一口メモ

変動帯［へんどうたい］ プレートの境界に沿って、活発な地殻変動や火成活動が見られる帯状の地帯のこと。一方、地殻変動や火成活動がほとんどない、変動帯に囲まれた大陸の内側は安定大陸（クラトン）と呼ばれている。

目の特徴、地下水の流れや水質、岩盤の強さなどについて、地球科学的な視点から行なう研究も不可欠なのである。

こうした研究は、単に地層処分のみならず、地下環境を理解することに貢献している。とくに、世界屈指の**変動帯**に位置する日本列島の地下構造は、欧米の多くが位置する大陸とはずいぶん異なるので、日本の地下を直接観察しながら研究を行なうことは、たいへん意義深いことである。

人間社会と地球科学 05

地球を見つめ、地球で生きる

▼地球は総合科学

◉自然がつくった土地に住むということ

日本で広く農耕が行なわれる平野の多くは、もともと川の氾濫でできた土地（**氾**《はん》**濫原**《らんげん》）であり、大洪水が繰り返し起こることでつくられてきた。洪水のたびに上流から運ばれてくる肥沃な土壌が農耕にも適していた。

したがって、洪水が起こるのが当然として、土地利用による伝統的な減災技術があった。たとえば、堤防に**野越**《のごし》と呼ばれる低い部分をつくっておき、洪水時には、あえてその部分から越流させて遊水地などに流れるようにすることで、下流域の水位上昇を防ぐしくみがあった。人間にとってのメリットとデメリットの両方を心得て、自然とうまく付き合おうとしていたのである。

しかし、洪水のあまりの惨状を目の当《ま》たりにした人々は、同様の被害を出すまいと誓い、洪水を完全に防ぐことを考えただろう。技術力を高めた人々は、川の両岸と河床をコンクリートで固める工事を施し、洪水のたびに堤防を高くした。いわば、自然に対抗するような頑丈な構造物をつくった。

そのおかげで洪水は頻繁に起こらなくなったが、大規模な治水はコストも膨大になるし、生態系の破壊が問題視されるようになってきた。洪水が肥沃な土壌が運ばれてこないから、肥料を多く使わなければならなくもなった。

また、安心感を得た影響もあるのか、洪水などの自然災害が起こりやすい場所に多くの人が住んで都市化が進んだ。この結果、ひとたび災害が起これば被害はかえって大きくなる可能性も出てきたのである。

◉自然災害と自然の恩恵

日本では、洪水だけでなく、地震や津波、火山噴火、土砂崩れや地すべりなどの自然災害に幾度も見舞われてきた。そして、自然災害から都市機能を守る技術を発展させてきた。おかげで、いまは自然の脅威をあまり感じることなく、安心して生活できる場所がほとんどではないだろうか。

しかし、過去を振り返れば、想像を絶する自然災害が繰り返し起こってきたことを地球科学は教えてくれる。

もっとも、人間に被害が出なければ、ただの〝自然現象〟である。第5章では、比喩的に〝事件〟と書いたが、地球の歴史のなかで〝事件〟といえるような自然現象の積み重ねによって、現在の地球環境がつくられてきたのである。そして、その地球環境にたまたま適応していた人間が大いに繁栄している。

日本列島も地球の営みがつくり出した土地だ。プレート運動があったおかげで日本列島は生まれた。地震や火山活動といった自然現象でできた土地なのである。

火山のそばだから地熱が豊富だし、地震を引き起こす断層がつくった割れ目があるから、地熱で温められた温泉が地表に湧《わ》いてくる。自然の脅威となる現象も、平穏なときには「自然の恵み」であることが多い。

洪水などの災害は恐ろしいが、地球の営みである〝自然現象〟を止めることは決してできない。人間ができることは、自然現象を理解し、自然災害による被害を減らしながら、自然の恵みを享受できるように知恵を絞ることではないだろうか。

◉地球科学の考え方

地球で長い時間をかけて変化してきた自然現象を理解するには、地球の歴史に学ぶしかない。

ところが、こうした現象は実験できないのが実情である。そこで、綿密なフィールド調査や、地層や岩石観察に基づいた議論が必須となる。すなわち、「自然物から学ぶ」という姿勢が大切なのだ。

なぜなら、地層や岩石は、地球で起こった様々な現象によってできたことは、紛《まぎ》れもない事実であり、〝過去の事件の証拠〟だからである。どんなにもっともらしく見えるアイデアやシミュレーションであっても、実際の地層や岩石を説明できな

一口メモ

噴火速報［ふんかそくほう］ 24時間体制で常時監視・観測されている火山に登っている登山者や周辺住民など、火山の周辺に立ち入る人に対して、命を守るための行動がとれるよう、噴火の発生を迅速に伝える気象庁の情報。2014年9月27日に発生し、戦後最悪の犠牲者を出した活火山の御嶽山の噴火災害を踏まえて2015年8月4日から導入された。

ければ修正せざるを得ない。露頭や岩石鉱物・地層・化石などから様々なデータを集め、物理学や化学などの力を借りてミクロな視点で解析する。

そして、何億年、何千万年といった長いタイムスケールのなかで起きた現象をマクロな視点で考察する。それが地球科学の思考方法といえるだろう。

地球科学を学ぶことは、私たちの自然観に大きく関わってくるはずだ。自然のなかで見かけた景色やひとかけらの石に、地球のダイナミックな変動が見えてくる。そして、地球を深く知るほどに、地球が偉大に見えてくるのである。

◉地球科学は総合科学

現在、恐竜やアノマロカリスなどの古生物関係の展覧会に多くの来場者がある。未知の生物への関心はきわめて高いようだ。太古の生物を想像することにロマンを感じるのかもしれない。

鉱物の展示やワークショップも人気があるし、ミネラルショーにも多くの来場者がある。鉱物結晶の美しさに感動する人も多いのだろう。

しかし、化石や岩石を鑑賞してロマンを感じたり自然美に感動したりすることだけが地球科学ではない。地球科学は、地球で過去に起こった事件を解き明かし、地球のしくみを理解しようとすることだ。過去を知ることは、未来を知ることになる。

そして、理解することで、付き合い方もわかってくる。本章で紹介したような、

自然災害を引き起こす現象は地層や岩石などに記録されている

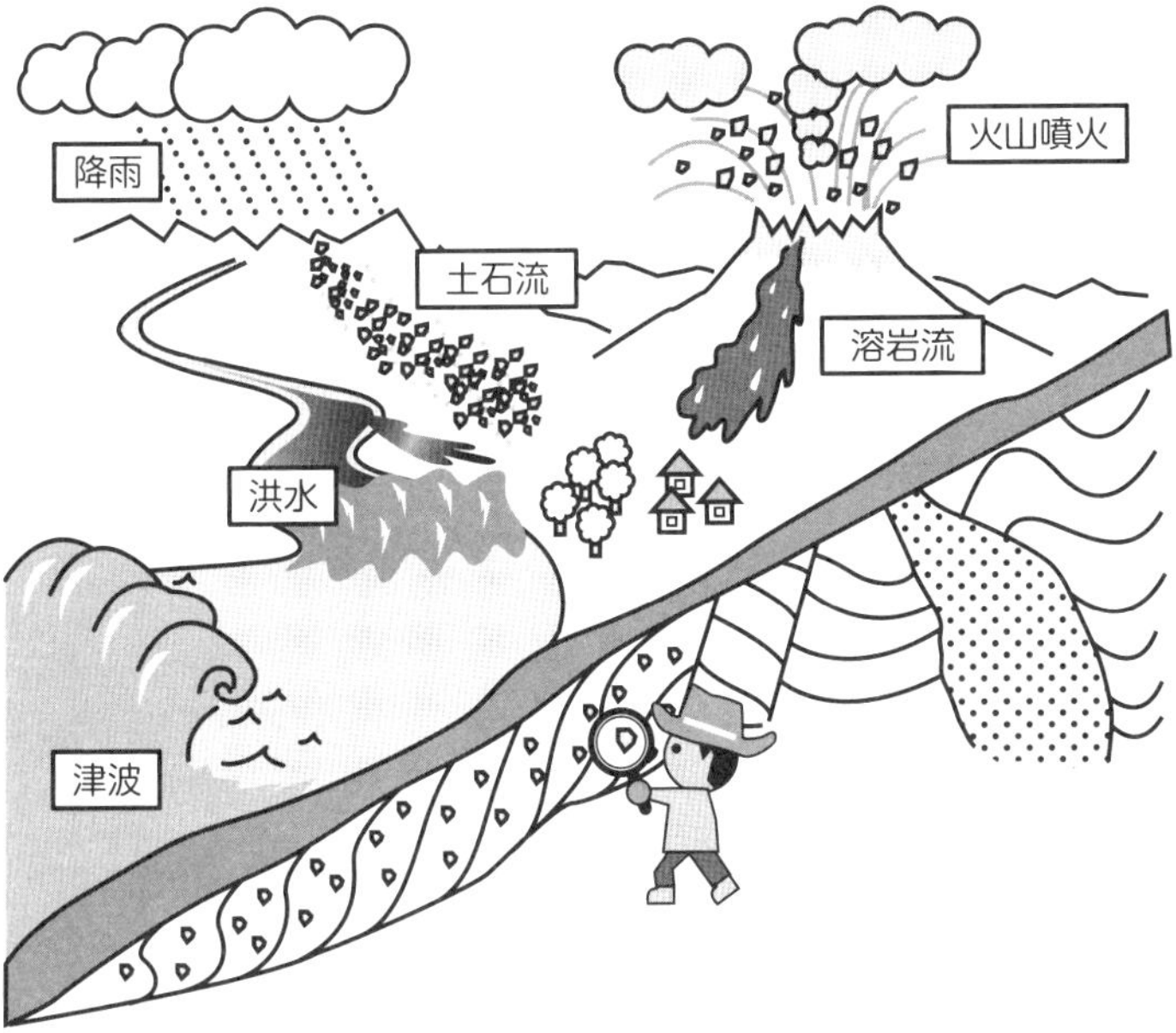

資源・エネルギー・廃棄物・土壌汚染・防災といった実社会への応用にも関わってくる。地球科学は、基礎科学であると同時に応用科学でもあるのだ。

過去に起こった現象を探るためには〝物証〟が欠かせない。その物証になるのが化石や岩石や地層などである。〝物証〟を探し出して、観察や観測することは地球科学のベースになっている。

直接見ることができない現象については、モデル実験やコンピュータシミュレーションなどを組み合わせる。こうしてミクロからマクロまで、様々な視点から研究が行なわれているのだ。

地球科学は、広範囲にわたる分野の科学者・技術者が結集して進められる、いわばロマンと現実の両面をカバーする総合科学なのである。

さくいん

鎌田浩毅（かまた ひろき）
1955年東京生まれ。東京大学理学部地学科卒業。通産省（現・経済産業省）を経て、97年より京都大学大学院人間・環境学研究科教授。理学博士（東京大学）。専門は火山学、地球科学。テレビ・ラジオで科学を明快に解説する「科学の伝道師」。京大の講義は毎年数百人を集める人気で教養科目1位の評価。著書に『火山噴火』（岩波新書）、『富士山噴火』（講談社ブルーバックス）、『マグマの地球科学』（中公新書）、『生き抜くための地震学』（ちくま新書）、『西日本大震災に備えよ』（PHP新書）、『地球は火山がつくった』（岩波ジュニア新書）、『地学のツボ』（ちくまプリマー新書）、『火山と地震の国に暮らす』（岩波書店）、『火山はすごい』（PHP文庫）、『一生モノの勉強法』（東洋経済新報社）、『一生モノの超・自己啓発』（朝日新聞出版）など。
ホームページ:http://www.gaia.h.kyoto-u.ac.jp/~kamata/

西本昌司（にしもと しょうじ）
1966年広島県生まれ。筑波大学第一学群自然学類卒。同大学大学院博士課程地球科学研究科中退。博士（理学、名古屋大学）。専門は岩石学、地質学、博物館教育。名古屋市科学館主任学芸員。名古屋大学博物館研究協力者、愛知大学非常勤講師、NPO法人日本サイエンスサービス理事、その他各種委員を兼務。地球科学の振興に努めている。著書に『地球のはじまりからダイジェスト』（合同出版）、共監訳書に『中高生のための科学自由研究ガイド』（三省堂）。

フシギなくらい見《み》えてくる！
本当《ほんとう》にわかる地球科学《ちきゅうかがく》

2016年 3月 20日　初版発行

監修著　鎌田浩毅 ©H.Kamata 2016
著　者　西本昌司 ©S.Nishimoto 2016
発行者　吉田啓二

発行所　株式会社日本実業出版社　東京都文京区本郷3-2-12 〒113-0033
大阪市北区西天満6-8-1 〒530-0047
編集部 ☎03-3814-5651
営業部 ☎03-3814-5161
振　替　00170-1-25349
http://www.njg.co.jp/

印刷／三省堂印刷　製本／共栄社

この本の内容についてのお問合せは、書面かFAX（03-3818-2723）にてお願い致します。
落丁・乱丁本は、送料小社負担にて、お取り替え致します。

ISBN 978-4-534-05356-5　Printed in JAPAN